若き挑戦者たち
― 国土を支えるシビルエンジニア ―

教育企画・人材育成委員会　マネジメント教育小委員会：編

土木学会

Young Pioneers

― Civil Engineers Develop Your Nation ―

March, 2005

Japan Society of Civil Engineers

まえがき

　最近、無駄な公共工事、ダムはもういらないといった意見が毎日のように新聞に出るようになりました。こういった社会の動きを受けて、建設産業に対する国民の信頼は著しく低下してきています。建設産業に対する信頼の低下により、建設工学に対する人々のイメージも大きく後退をしています。

　土木工学は、道路、橋、港、鉄道、発電所、ダム、空港、灌漑用水路、堤防といった人々の生命を守り、生活を支える施設を造る技術を、そして建築学は様々な建物を造る技術を扱うものです。このように、建設に関わる工学は社会が存在する限り必要とされる学問であると言ってよいでしょう。

　日本の建設工学は明治時代に入り、急速に発展し、現在では自然状況を見つめ解析する技術、あるいは建造物を造る技術において世界の最高のレベルに達しています。信頼性の高い技術をもって社会の基盤造りを行ってきた建設産業、そしてこれを支える建設工学が、なぜ国民の信頼を減退させる状況に陥っているのか、その原因は何なのか……。原点に立ち返って考えてみる必要があります。

　建設技術者は、これまで、技術の進歩、開発、革新という範囲の中に自らの責務を見出し、活動を続けてきました。しかし、建設工学、建設技術者の責務は、自然状況を見つめ解析する、あるいは建造物を造るといった機能だけではないのです。建設技術者は、なぜ、その構造物を造る必要があるのか、国家・国民にとって、本当に必要なものはいったい何なのかを追求するといったこと、つまり、自らの使命とこれを果たす政策を明らかにしてゆく責務も担っているのです。

　最近、建設工学の分野において、マネジメント技術に関する関心が急速に高まってきています。マネジメント技術は、"どのようにしてよい

品質のものを造るか"といった技術開発・革新と、"何を造るべきか"という使命・政策を結びつける技術と言ってよいでしょう。言い換えれば、マネジメント技術とは"どのようにして効率よく造るか"を追求する技術ということになります。

　この本は、日本の建設産業の実態、日本人の価値観、現存する社会システム等をしっかりと見つめ、日本の実態に適合した建設マネジメントの構造を組み立てて作ったものです。中学生から、高校生、高等専門学校生、そして大学生にいたるまで、建設マネジメントの入門編テキストとして読んでもらえるものを目指し、作られたものです。

　本書が、広く建設マネジメント教育に使用され、多くの若者が建設工学の真の姿を、そして、そのすばらしさを知り、建設技術者への道を歩み始めることを願っています。

2005年3月

土木学会　教育企画・人材育成委員会
マネジメント教育小委員会　委員長
著者代表　草柳俊二

あらすじ

　この本は、矢野周平という若者が主人公です。彼がどのような経験を通して建設工学に興味を持ち、建設技術者になる道を選ぶようになったのかを物語っています。

　第1章：東京に住んでいる周平が中学一年生の時、従兄弟の哲平の住む神戸と幼馴染の有可が住む淡路島で大きな地震が発生します。1995年の1月17日の早朝に発生した阪神・淡路大震災です。町は地震によって破壊され、6,455人もの人々が亡くなり、周平は"自然の力"のものすごさに恐怖を感じます。地震発生から半年後、神戸を訪れた周平は、破壊された町を、困難と戦いながら黙々と復旧している人々を見て、"人間の力"のすごさに驚き、感動をおぼえるのです。

　第2章：高校生になる前の春休みに、周平は再び神戸に行き、人々が復興した町を見ます。神戸からの帰りに京都で、周平は偶然に琵琶湖疏水というプロジェクトを知ります。そして、工業高校の先生をしている叔父の健太郎から、人間の生活を支える社会資本の整備について教えてもらいます。

　第3章：高校生になった夏休み、周平は父の慎介の出張に同行して、哲平、有可と共にカンボジアを訪れます。そこで、村々に井戸を掘り、生活用水を供給するプロジェクトを見学し、健太郎叔父が言っていた社会資本整備プロジェクトの意味を実感します。そして、自分達の国、日本が行なっている国際援助プロジェクトについても学びます。

　第4章：周平は高校の文化祭で、以前行ったことのある京都の琵琶湖疏水プロジェクトを題材にしたビデオ鑑賞会に参加します。このプロジェクトの意味、そしてプロジェクトを遂行した田邉朔郎という若い技術者に興味を抱きます。この一大プロジェクトの実施計画が、大学生の卒業論文であったということに驚きます。明治時代の若い建設技術者達

とはどのような人達だったのだろうと周平は考え、京都に行って田邉朔朗の書いた卒業論文草稿を見ます。朔朗の論文草稿が全て英語で書かれているのを見て、周平は明治時代の若者が持っていた使命感といったものを強く感じます。

第5章：周平は建設マネジメントの講義で、日本の社会的変化、建設産業の実態、社会資本整備プロジェクトの意義といった様々なことを学びます。そして、世界で活躍する技術者となることを目指して、大学に進もうと決心します。

第6章：大学生になった周平は、建設プロジェクトについて深く掘り下げて考えるようになります。特に環境保全について興味を持ちます。そして、実際の環境保全と取り組んでいる建設プロジェクトの具体的な話を聞き、イヌワシの保護などの生態系保存といった、様々な環境保全への取り組みについて学びます。

第7章：大学4年になった周平は、建設マネジメントの講義の締めくくりとして倫理について学び、建設技術者としての心構えを勉強し、役立てようと試みます。米国のスペースシャトルの実例や、技術士一次試験の問題等を通じて様々なケーススタディーが行われます。

第8章：大学を卒業した周平は、インフラストラクチャーに関する経済分析を深く学びたいと思い、大学院に進学します。大学院に在籍中の2004年10月に、新潟県中越地震に遭遇し、大学の調査団の一員として、新潟に向かいます。大学院で学んでいる経済分析理論を被災後の産業復興に役立てようと試みます。そして、被災現場で活動していた建設会社の若い技術者たちの行動力に魅せられ、建設会社に就職することになり、希望を胸に建設技術者として歩み始めます。

著　者
　　　草柳俊二　高知工科大学　社会システム工学科　学科長　教授
　　　勝俣陸男　都市再生機構　東京都心支社業務第三ユニット
　　　　　　　　業務推進チーム　チーム担当マネージャー
　　　嶋田善多　電源開発㈱エンジニアリング事業部　副部長
　　　早川裕史　国土交通省　国土技術政策総合研究所
　　　　　　　　総合技術政策研究センター　建設マネジメント技術
　　　　　　　　研究室　交流研究員
　　　　　　　　(㈱長大　マネジメント事業部　主査)
　　　皆川　勝　武蔵工業大学　工学部都市基盤工学科　教授
　　　山崎利文　国立高知工業高等専門学校　建設システム工学科
　　　　　　　　助教授

編集アドバイザー
　　　池田將明　PMI東京（日本）支部事務局　次長
　　　清水昭弘　都立世田谷地区工業高等学校（仮称）担当主幹
　　　吉良有可　高知工科大学　総合研究所　助手

草案企画検討
　　　黒田勝彦　神戸大学工学部建設学科（土木系）教授
　　　長尾昌朋　足利工業大学工学部都市環境工学科　助教授
　　　舘石和雄　名古屋大学エコトピア科学研究機構　教授
　　　芥川真一　神戸大学工学部建設学科（土木系）助教授
　　　内田　敬　大阪市立大学大学院工学研究科都市系専攻　助教授
　　　渡邊法美　高知工科大学社会システム工学科　助教授

イラストレーター
　　　タッド星谷

登場人物

周平

慎介
(周平の父)

哲平

有可

若き挑戦者たち
― 国土を支えるシビルエンジニア ―

目　次

第1章　自然の力と人間 …………………………………………… 1

第2章　社会資本整備プロジェクト …………………………… 12

 2.1　社会資本整備って何だろう ……………………………… 12
 2.2　明治時代の社会資本整備
   琵琶湖疏水、京都の発展を担ったプロジェクト ………… 18

第3章　発展途上国での社会資本整備プロジェクトを
   考える………………………………………………………… 24

 3.1　カンボジア王国への旅 …………………………………… 24
 3.2　カンボジア王国への思い ………………………………… 26
 3.3　日本の国際援助プロジェクト …………………………… 32

第4章　歴史的な社会資本整備プロジェクトを考える …… 44

 4.1　琵琶湖疏水の計画について考える ……………………… 44
 4.2　田邉朔朗の卒業論文草稿 ………………………………… 47
 4.3　田邉朔朗はどのような計画を行ったのか ……………… 54
 4.4　琵琶湖疏水における歴史的考察 ………………………… 64

第5章　建設産業の実態と役割………………………………… 69

 5.1　日本の建設産業の実態 …………………………………… 71

5.1.1　建設投資の変遷 ………………………………………… 71
　　5.1.2　日本の建設産業の現況 …………………………………… 72
　　5.1.3　建設産業の仕組み ………………………………………… 74
　　5.1.4　建設会社のランク ………………………………………… 75
　　5.1.5　建設企業の抱える問題 …………………………………… 75
　5.2　地方建設産業の実態 …………………………………………… 78

第6章　環境とマネジメント技術 …………………………………… 82

　6.1　なぜ建設産業は嫌われるのか ………………………………… 82
　6.2　建設プロジェクトの特徴 ……………………………………… 86
　6.3　建設プロジェクトと社会の流れ ……………………………… 89
　　6.3.1　明治の国造り ……………………………………………… 89
　　6.3.2　第二次世界大戦後の歩み ………………………………… 92
　　6.3.3　環境アセスメント ………………………………………… 95
　　6.3.4　環境と時間の因子 ………………………………………… 97
　6.4　環境における役割 ……………………………………………… 101

第7章　建設技術者の使命と倫理 …………………………………… 103

　7.1　建設技術者の使命ってなに …………………………………… 103
　7.2　建設技術者の倫理とは ………………………………………… 108
　7.3　具体的な事例で考える ………………………………………… 112

第8章　国土を支えるシビルエンジニア …………………………… 123

　8.1　新潟県中越地震の被災現場 …………………………………… 123
　8.2　大学院から社会人へのスタート ……………………………… 126

第1章　自然の力と人間

　従兄弟の哲平が住む神戸を中心とした地域で大震災が発生したのは、周平が中学校の1年生の時だった。地震は1月の早朝5時半過ぎに起きた。その朝、周平が食卓に付くと、母は無言でテレビを指差した。バタバタ倒れた高速道路がテレビに映し出されている。大きなビルが道路の上に倒れている。上空から撮ったのであろう街からは何本もの黒い煙の柱が真っ直ぐに立ち昇っている。周平は、昨日の夜、夜中まで熱中していたテレビゲームを思い出していた。

　"これ、どこの国"

　"日本よ！叔父さんたちが住んでいる神戸、有可ちゃんとこの淡路島も…、ひどいみたい"母が上ずった声で言った。

"電話がつながらないの、お父さんは神戸に行って叔父さん達が無事か確認してくると言っているのだけれど"母の動揺が、事態の深刻さを周平に伝えた。
"お父さん、明日から海外出張じゃないの"
"そうなんだけど…"
"何が起きたの"周平が聞いた。
"地震、とてつもなく大きな…"

写真1.1　被災状況

写真1.2　被災状況

第1章 自然の力と人間

写真1.3 被災状況

写真1.4 被災状況

写真1.5 被災状況

写真1.6　被災状況

```
＜写真出典＞
・写真1.1
　　撮影：中日本航空㈱
・写真1.2～1.4
　　「大震災を乗り越えて－震災復旧工事誌－」阪神高速道路公団
・写真1.5～1.6
　　撮影：中田慎介（高知工科大学　社会システム工学科教授）
```

　周平は、これまで、何度か地震の被害をテレビで見たことがあった。しかし、今見ているものは、まさにアニメ映画かテレビゲームの世界だった。実際に起きていることだとは、とても信じられなかった。それも、従兄弟の哲平や幼馴染の有可の住む街で…。彼らは無事だろうか。周平は、自分の体が震えているのに気が付いた。
　"行き着けるかどうか分からないけれど、とにかく行ってくる"
　父の慎介は、翌朝、備え付けの緊急用品等をバックパックに詰め、神戸に向かった。憔悴しきった顔で父が帰ってきたのは、それから3日後

だった。慎介は総合商社に勤務している。内容はよくわからなかったが、発展途上国での仕事に携わっているという。慎介は、羽田から飛行機で関西空港まで飛び、フェリーで神戸に入った。炎と煙、埃の渦巻く、破壊し尽くされた街を迷い歩きながら、やっと叔父の家にたどり着いた。叔父の家は木造の二階建て。古い家であった。一階部分が完全に壊れていた。叔父の一家は近くの避難所にいた。家族は二階で寝ていたので、幸いにも、大きな負傷もなく皆無事だった。叔父と叔母はいつも6時には起床し、階下に下りるという。地震の発生が20分も後であったなら、二人の命はなかった。まさに奇跡だった。

父の慎介は叔父一家の無事を母に伝えた後、言葉を選びながら、自分自身で確かめるように災害の様子を話し出した。父の話には、臭いがあり、色があり、人々の呻きが聞こえてくるようであった。周平は、発生した地震のものすごさ、自然の力の恐ろしさを感じた。父の話は、この数日間テレビで見た映像が事実であり、遠い国で起きた物語でないことを周平に伝えた。同時に、周平は父の責任感と勇気ある行動に感激した。

"多くの人が崩壊した建物の下にいる。救助活動はしているが…"

"復旧…どのくらいかかるか、とてもわからない…"

慎介は、うなずきながら、小さな声で言った。

有可の家族が無事であることが分かるまでには、さらに5日ほどかかった。有可の家族は、5年ほど前に建てた新しい家に住んでいたので被害は少なかった。

阪神・淡路大震災は平成7年（1995年）1月17日に発生した。午前5時46分52秒、ドーンと衝撃が走り、ドドドと地鳴りがし、地盤が激しく揺れた。揺れは20秒程度だったが、家の中にある家具や電気製品がすさまじい勢いで飛んだという。震源地は、明石海峡のやや淡路島寄りだった。マグニチュード7.2、震源の深さはわずか16km。史上初めてと言われる"大都市直下型"の大地震だった。日本国内の全土から救援作業に

加わる人々が駆けつけ、海外からも救援隊や多くの物資が寄せられた。周平は、その日から、新聞とテレビのニュース番組に釘付けになった。子供の頃から何度も訪れた、哲平の家のある神戸の街や、有可の住む淡路町の被害が明らかにされた。幸いにも、知り合いの人々は無事だった。だが、周平は、自然の脅威、計り知れない破壊力を実感したように思った。

　阪神・淡路大震災は、死者6,455人、負傷者は約37,000人、建物の被害は全壊約93,000棟、半壊約85,000棟といったすさまじい被害を出した。古い家屋はほとんど崩壊した。だが、コンクリートの集合住宅、商業ビル、高速道路、鉄道高架橋、地下鉄の駅舎といった最新の技術で造られた構造物も破壊し、多大な被害を与えた。

　"復旧に、何年かかるかなんてとても分からない"と父は言った。神戸や淡路島は元には戻らないのでは、と周平自身も思った。だが、復興作業はすごいスピードで進められた。

　半年が経過し、周平は被災者のための仮設住宅にいる叔父一家を訪ねた。従兄弟の哲平に必要な物を届ける目的もあった。明るい性格の哲平は、変わらず元気だった。周平は復興中の神戸の街を哲平と歩いた。破壊された建物、道路、鉄道といった施設が取り除かれ、片付けられ、街

写真1.7　震災復旧工事

第1章　自然の力と人間

写真1.8　震災復旧工事

が営みを再開するために必要な公共施設が再建され始めていた。自然の力は計り知れないほど大きい。だが、人間の力もすごいと周平は思った。そういえば、新聞もテレビも復興の進み具合を伝えてくれるが、公共施設の復興の仕事を実際に行った人達のことはほとんど報道しない。復興を担った人達はどのような人々なのか知りたいと周平は思った。

　"倒れた高速道路や壊れたビルを片付けて町を復旧する仕事は大変だったと思うけど、どんな名人たちがやったの"と周平は哲平に聞いた。

写真1.9　震災復旧工事

"よう知らんが、電気やガスなんかは電気会社やガス会社がやってくれたと思う。倒れた高速道路や、鉄道、壊れたビルの片付けと復旧は、鉄道会社や建設会社のおっちゃん達が、すごく頑張ってくれたんや。関西地域だけでなく、日本全国から作業員や建設技術者が来てくれたんや"

写真1.10　震災復旧工事

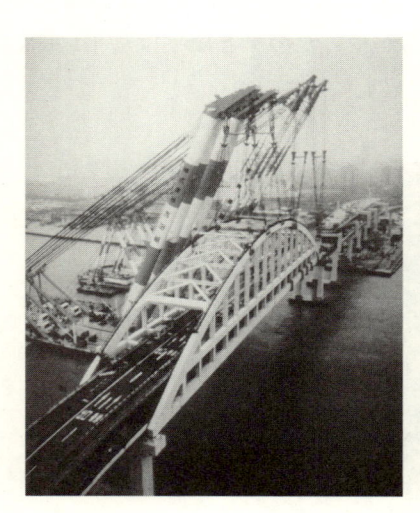

写真1.11　震災復旧工事（2枚）

写真1.12　震災復旧工事

```
＜工事写真の説明＞
写真1.7 …ワイヤーソー：撤去する橋梁や梁を、ダイヤモンドワイヤーを回転さ
         せて切断する工法
写真1.8 …自走式大型台車：橋脚の梁を、大ブロックのまま、自走式大型台車で
         運び出して撤去する工法
写真1.9 …テルファー：橋脚のジョイント部の隙間を利用して、桁の上のクレー
         ン（テルファー）により、切断した橋脚（梁）を吊り下げて撤去する
         工法
写真1.10…スライドベース：桁を一時的に持ち上げている鉛直ジャッキそのもの
         を水平方向に動かす装置であり、地震で正規の位置からずれた橋桁を
         元の位置に戻す工法
写真1.11…FC（Froating Crane起重機船）相吊り（２台のクレーンで重量物を吊
         り上げること）による復旧作業
写真1.12…応急送電作業（折損柱の仮復旧）
＜写真出典＞
写真1.7～1.11：「大震災を乗り越えて－震災復旧工事誌－」阪神高速道路公団
写真1.12　　 ：「阪神・淡路大震災復旧記録」関西電力株式会社
```

"周平、電車が上を走っている連続したコンクリートの橋、見えるやろ。あれ、高架橋ゆうらし。あそこら、柱が壊れて倒れたんや。けど、建設技術者の人たちがいろいろ調べて、上の部分は使える、大丈夫やゆうことで、大きなクレーンやジャッキを使って持ち上げて、柱だけを作り直して復旧したんや。町の人たちは、あんなことできるんやゆうて、びっくりした。工事、ごっつうおもろかった"

"地震におうてみて、水、電気、ガス、道路、電車、みんな重要やゆうことが、よう分かった。けどな、大きなビルや高速道路、地下鉄の駅まで壊れた。みんな地震に強いといっとったのに…"と哲平は言った。

"周平、ハイキングで行った布引ダム、覚えているやろ。新神戸駅の裏にある100年も前に造られたやつ。あれ、なんともないねん。おかしやろ"と、哲平は周平の顔を見ながら明るく笑った。周平も笑った。しかし、100年も前に造られたダムが生き残ったことだけでなく、哲平の言ったこと全てが、何かとても意味の深いことのように思えた。

写真1.13　布引ダム

周平は、阪神・淡路大震災を見聞きした経験、そして、この日の哲平との会話が建設工学に興味をもったきっかけになったのかも知れないと思っている。

写真1.14　布引ダム

<布引ダム>
神戸市水道創設時の水源地堰堤。日本最初の本格的ダムとされる。堤高33m、堤長110mの粗石コンクリート造石貼の非越流型直線重力式ダムで、左岸寄りに溢流部を設ける。バートンの原案に基づき、吉村長策・粕屋素直・佐野藤次郎らが完成させた。
（登録有形文化財　文化庁ホームページより引用）
http://www.bunka.go.jp/english/11/1/detail/show.538.html

第2章 社会資本整備プロジェクト

■2.1 社会資本整備って何だろう

　阪神・淡路大震災から3年が経ち、周平は高校生になった。大震災を見聞きした経験、そして、神戸での哲平との会話は、時間が経過するに従い、次第に周平の心の中から薄れていった。周平は、中学時代結構頑張って受験勉強をし、目指す工業高校に入った。だが、最近、学校での勉強がつまらなく感じ始めている。いろいろ教わるのだけれども、何のためにやる勉強なのか分からない。友達に聞くと"勉強なんてそんなものさ"と言う。いつのまにか自分の部屋はゲームソフトとマンガであふれている。哲平はどうしているだろう。もうすぐ春休みになる。哲平のところに行ってみようかと考えた。

　新神戸の改札口で哲平が手を振って待っていた。背がだいぶ伸び、がっしりした体つきになっていた。

　"よう来たな、周平、元気か"

写真2.1　復旧完了（2ページ　写真1.2の復旧）

第2章　社会資本整備プロジェクト

写真2.2　復旧完了（3ページ　写真1.3の復旧）

＜写真出典＞
「大震災を乗り越えて－震災復旧工事誌－」阪神高速道路公団

　哲平は以前と変わらず明るかった。3年ぶりに見る神戸はずいぶんと復興が進んでいるようにみえた。空き地となっている場所もあるが、新しいビルがいくつも建てられ、崩壊し、分断された高速道路、鉄道もほぼ元通りになっていた。
　"すごいなあ、ずいぶん復興したんだね"
と周平が言った。
　"そう見えるかも知れへんが、まだまだ大変なんや、商店街とか…"
　哲平は、珍しく真剣な顔で言った。
　周平は新しく建て替えられた哲平の家に泊った。哲平の部屋には机が一つ、本棚には教科書と共に、難しそうな本がいくつか並んでいた。ゲームソフトとマンガがあふれた自分の部屋とはずいぶん違う。哲平は神戸の復興についていろいろと教えてくれた。周平は、同じ年の哲平がずいぶんと大人に感じた。いろんな苦労があり、いろいろな経験をして、強くなったのかなと思った。
　3日ほど神戸で過ごした後、東京に戻る前に、周平は京都の叔母の家に行くことになった。驚いたことに、淡路島にいると思っていた有可が

叔母の家に下宿していた。京都の高校に入学したのだという。久しぶりに会う有可もずいぶんと大人に感じた。哲平は知っていたのだろうが、何も言わなかった。

"周ちゃん、京都あまり知らへんでしょう。有可に案内してもらい"
と叔母が言った。

"私もまだよう知らんけど、ええよ、どこ行く"と有可が言った。

周平は有可に連れられて、銀閣寺に行った。そこから"哲学の道"という名前がついた川沿いの道を南禅寺というお寺に向けて歩いた。3月初めの京都は肌寒く、桜のつぼみはまだ固かった。南禅寺の山門を通り抜けると、右手に変な建物が見えた。お寺には似つかない西洋風の城門のようなものだった。

"有可、あれなに、レンガで出来たの"

"どれ、あれ、わからん。ずいぶん古そうやね。水路閣とか書いてある。上に登れるみたい、行ってみようか"

と有可が言った。二人は標識に従って登って行った。城門と思った建物は、上部が4mぐらいの幅で、中央に水路があり、きれいな水がいっ

写真2.3　ローマの水路橋を思わせる水路閣

第2章　社会資本整備プロジェクト

写真2.4　木漏れ日の中を疏水が流れる

ぱいに流れていた。

　"真ん中に水が流れている橋初めて見たわ。何かローマ時代の遺跡みたいやね。こんなのが日本にあったんや"と有可が言った。振り返って水の流れてくる方向を見ると、雑木の林があり、水路に沿って小道が続いていた。

　"行ってみようか"周平と有可は子供の頃に返った気持ちになり、歩き出した。林を抜けると大きな鉄管があり、さらに進むと小さな広場に出た。桜の木の下に、ぽつんと銅像が立っていた。銅像の顔を覗き込みながら、

　"おじいちゃんかと思ったら、なんか、若い人みたい"と言って有可が笑った。二人は広場を抜け水路に戻った。水路はトンネルとなって山に吸い込まれていた。いつ頃、何のために造ったのだろう。インターネットで調べれば分かるかも知れない。有可と周平は、そんなことを話しながら来た道を引き返した。二人は、古い都、京都で、なにか不思議なものを見つけた感じがした。

　叔母の家に帰り、二人は早速"水路閣"をインターネットで検索した。

写真2.5　公園内にたたずむ田邉朔郎の銅像

そして水路閣が明治時代に造られ、琵琶湖疏水という琵琶湖から京都へ水を引く施設の一部であることを知った。"あんたら、琵琶湖疏水、知らんかったんか。哲学の道の横を流れている川、あれも疏水や"と叔母

第2章　社会資本整備プロジェクト

は言った。そして"うちの叔父ちゃんに聞いたらええ、よう知っとるよ"と言った。

　夕方、哲平がやってきた。その夜、3人は叔父の健太郎から琵琶湖疏

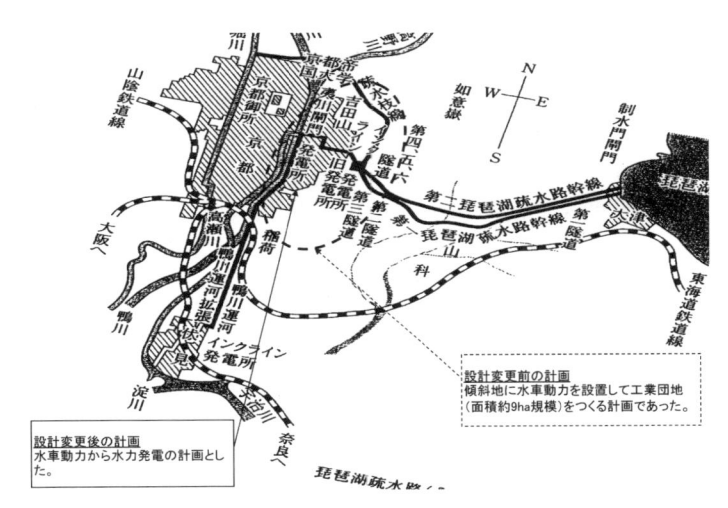

図2.1　琵琶湖疏水（平面図）

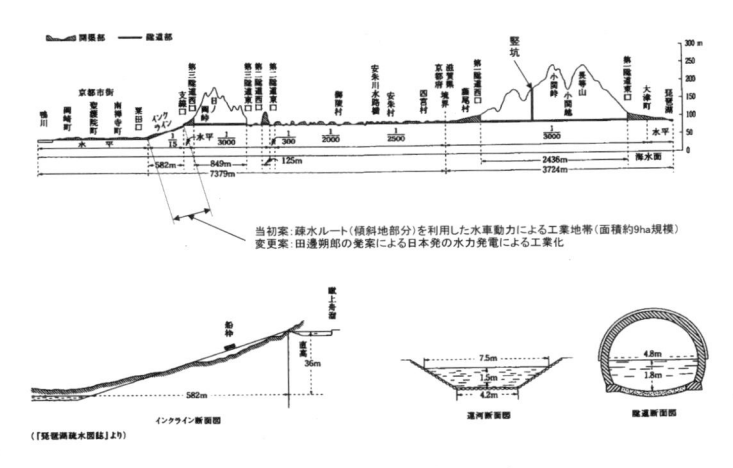

図2.2　琵琶湖疏水（断面図）

水についていろいろ教えてもらった。叔父の健太郎は工業高校の先生をしている。哲平は琵琶湖疏水を知っていたが、叔父から詳しく話を聞いたのは初めてだった。

■2.2　明治時代の社会資本整備
　　　琵琶湖疏水、京都の発展を担ったプロジェクト

　夕食が終り、三人は健太郎が"書斎"と呼んでいるリビングのコーナーに集まった。健太郎は、小ぶりの陶器のカップに氷を入れ焼酎を注いだ。それをちびりと飲んでから、ゆっくりと疏水について話し出した。
　"琵琶湖疏水は田邉朔朗という明治時代の技術者が計画し、造ったんや。周平達が南禅寺の水路閣の先にある公園で見た銅像は、その田邉朔朗や"
　"でも、叔父さん、僕らの見た銅像は若い人ので、そんな偉い人のようではなかったけど。なあ有可"
　"うん、年取った人やなくて、結構かっこいい顔した若い人やったけど……"
　"そやから、田邉朔朗や、ゆうてんのや。田邉朔朗は工部大学校というところの学生やった。田邉朔朗は工部大学校で琵琶湖疏水の建設計画について研究をやって、卒業論文にまとめた。その論文が当時の京都府知事の目にとまって、総責任者としてあの大プロジェクトをやるようになった。すごいやろ"
　"ええ！大学生が書いた卒業論文が実際の工事になったなんて、信じられへん。お金もたくさん必要だったやろうし"と哲平が言った。
　"周平や哲平のような今の若者達には、とても信じられへんやろが。でもほんまの話や"
　"でも叔父さん、いくら明治時代でも、大学を卒業したばかりなら、まだ20代の前半でしょう。そんな若い人にあんな大プロジェクトの総責任者ができたんですか"

"ゆっくりと君らに説明せにゃならんな……"と言って健太郎叔父は話し始めた。
"長い間、京都は日本の中心だったわけや。ところが、明治２年（1869年）に都が京都から東京に移ってしもうた。10年もしない間に、35万人程度あった京都の人口は10万近くも減ってしまい、産業も衰退してしもうた。明治14年（1881年）に第３代目の京都府知事になった北垣国道いう人は、何とか京都を復興させようと考えた"
"琵琶湖には豊富な水がある、この水を引けば、動力水車、灌漑、精米水車、防火などに利用することができる。琵琶湖と宇治川を結ぶ水路を造れば、滋賀と大阪の物資を舟で運ぶことができると考えたんや"
"なんだ、初めに考えたのは田邉朔郎じゃないのか"と周平が言った。
"琵琶湖から京都に水を引く疏水建設計画は、北垣国道知事が初めて考えたものでもない。元々、吉本源之助という人が考えていたと言われている。吉本源之助も友達の菊井重左衛門という人の知恵を借りたらしい。たぶん、彼等のはアイディアだけやったと思う。二条木屋町

写真2.6　第３代京都府知事・北垣国道
但馬文化協会、㈶但馬ふるさとづくり協会発行「但馬人物ものがたり　上巻」より

写真2.7　運河・高瀬川を造った角倉了以
（京都観光老舗サイトよりhttp://www.kyotokanko.co.jp/suminokura/ichisoku.html）

あたりから、鴨川に平行して流れ、伏見京橋で宇治川に合流する高瀬川という運河があるけど、これは江戸の始め頃、角倉了以という人が造ったんや。この人も琵琶湖から京都に水を引く考えを持っていたらしい。でも、だれも本当にできるとは思っていなかったんやろ。田邉朔朗はこれを具体的にやる計画を卒業論文としてまとめたんや。つまり、これが、アイディアいうもんと技術者の作る計画の違いや"
カップの焼酎をごくりと飲んで、健太郎は話を続けた。
"北垣知事は、田邉朔朗の作っていた具体的な計画を見て、本当に出来ると思った。そしてこの若者の力に賭けたのやろう。明治14年（1881

年）に本格的に疏水建設計画の検討に入り、田邉朔朗は明治16年（1883年）年、工部省工部大学校を卒業すると同時に北垣知事に雇われたわけや。その時、朔朗は21歳だった。工事は明治18年（1885年）に始まって、5年後の明治23年（1890年）に完成した"

　周平、有可、哲平は、いつしか健太郎叔父の話に引き込まれていった。三人は、京都を生まれ変わらせた琵琶湖疏水というプロジェクトを知った。三人が一番驚いたのは、総責任者の田邉朔朗という技術者が、自分達とあまり変わらない20代の若者であったということだ。もう一つ興味を持ったことは、建設技術者の田邉朔朗が、おとぎ話のようなアイディアをプロジェクトとして見出し、具体的な計画を作り、設計し、そして実施したということだった。

　"建設技術者って、工事するだけの人かと思っていた"と周平は言った。
　"俺もそう思っとった"と哲平が言った。
　"わたしも"と有可が言った。
　叔父の健太郎は三人の話を聞いて言った。
　"君らだけでなく、みなそう思っとる。プロジェクトを『工事』と呼ぶからいかんのや"
　"四国と本州を結ぶ連絡橋の仕事を、みんな『工事』と言っとるけど、『工事』と言うと君らが言うように『造る』だけの仕事になってしまう"
　"道路、鉄道、水道、電気、港、といった、人々の生活や社会の維持・発展に必要な施設を英語ではインフラストラクチャー（Infrastructure）と言うんや。日本語に訳すのは難しい言葉なんやけれど、インフラ（infra-）とは『下の』という意味で、ストラクチャー（structure）は構造物とか施設という意味になる。インフラストラクチャーは、社会が活動してゆくために必要な施設とかいうことになる。だから、『公共工事』は、『社会基盤整備事業』とか『社会資本整備事業』と言わんといかんのや"
　"哲平、神戸は今、『復興工事』してるんやない。正確に言えば『社会

が必要としている施設の復興事業』をしとるということになるんや"
"工事やなく、『社会資本整備事業』いうたら、いるか、いらんか考える必要がある。いらんものは、造らない。田邉朔朗は琵琶湖疏水が京都の発展に必要かどうかを、しっかり考えたんや。つまり『社会資本整備事業』として考えて、取り組んだということになる"
"叔父さん、明治時代には琵琶湖疏水のようなプロジェクトがいろいろ行われたんですか"
と周平が聞いた。
"江戸時代には、電気も、ガスも、鉄道もない。水道も、それらしきものが江戸にあったが、蛇口をひねったらきれいな水が出るというような施設は全くなかった。道路だって貧弱なものや。用水池はあっても、ダムもない。みな、明治時代になってから整備されたんや"
"日本は発展途上国だったんだ"と有可が言った。
"その通りや。社会のためになるっちゅうこと、考えにゃいかん。日本の若いもんは"
叔父は少し酒が回ったらしく、大きな声で言った。

叔父の話は少し難しかったが、三人には社会資本整備事業という言葉が新鮮に聞こえた。周平は、建設の仕事に携わっている人達が、本当に人々の生活や社会の維持・発展に必要な施設を造っているのであれば、なぜ、悪者のように言われるのだろうかと思った。琵琶湖疏水に携わった田邉朔朗の話を聞いたなら、誰でも尊敬すると思ったからだ。

布団に入って、哲平が言った。
"周平、健太郎叔父の話、おもろかったな。迫力あったし。神戸は、ほんま、まだ『社会基盤復興事業』中や"
"俺、最近、学校の授業おもろない。先生も酒でも飲んで授業したらええのにな"と言って笑った。哲平も周平と同じように学校の授業が

楽しくない。健太郎叔父の話はなぜ面白かったのか。周平は考えていた。教科書に書かれていることを暗記する勉強ではなく、健太郎叔父の話を、実際に体験したことと比べながら聞いていたからだと周平は思った。
"叔父さんが言っていたように、琵琶湖疏水や田邉朔朗のような話、もっと他にあるんだろうね"と周平は哲平に話しかけた。
"あるやろな、きっと。明日、インターネットで調べてみよか、周平"と言って、いきなり枕を周平の顔に投げつけた。周平は、静かに応戦を開始した……。

第3章
発展途上国での社会資本整備プロジェクトを考える

■**3.1 カンボジア王国への旅**

　夏休みがやってきた。7月31日の夕方、周平、哲平、そして有可は周平の父・慎介と一緒に、カンボジアのプノンペン空港に降り立った。周平達は、入国管理手続き、そして税関の審査を終えてドアの外に出た。それほど時間はかからなかったけれど、辞書を引きながら自分達で手続き書類を書いたので、ずいぶんと緊張した。外で慎介の友人の原田さんが出迎えてくれていた。

第3章　発展途上国での社会資本整備プロジェクトを考える　　25

"みんな、私の友人の原田さんだ。挨拶をしなさい"
"矢野さん、修学旅行の引率みたいですね"
"ウェルカム、日本の若者諸君"と原田さんが笑顔で言った。
　細身で、背が高く、褐色の肌、そして坊主頭。原田さんは、とても日本人には見えなかった。カンボジアには5年以上、最近まで橋を造る仕事に携わっていたという。原田さんとは何度も一緒に仕事をした、と父は言っていた。商社に勤める父が、建設会社の原田さんとどのような仕事をしたのか、周平にはよく分らない。周平達を乗せた大型四輪駆動車は混雑した道路を走った。ホテルは空港からそれほど遠くはなかった。
"矢野さんが言ったように、安いホテルにしましたよ。昨日、着いたK大学の早川先生と学生さん達も同じホテルです"
"ありがとうございます。一流ホテルに泊まったのでは、実際のカンボジアを体験できないからね。若い者にはこういうホテルがいい"と慎介が言った。
"ははは…早川先生も矢野さんと同じことを言っていた"と原田さんが笑った。
"一部屋24ドル。二人で泊まれば、一人一泊12ドル。3人で泊まれば8ドル。900円程度だけれど、エアコンは付いているし、結構いいですよ"
"エアコンは必須、蚊に食われるとまずい。マラリアとか、危ないからね"
"そう、そう、このホテル、タイの資本が入っているので、この間の暴動では焼き討ちにあって、死人も出たけれど、今は、まあ、大丈夫ですよ"
原田さんは笑いながら言った。慎介と原田さんの、こんな会話を聞いて、
"ええ…そ、そう…なんだ…"
周平達は、皆、不安そうに顔を見合わせた。

翌朝、周平達は、早川先生達と食堂で会った。早川先生は周平の父の慎介と原田さんの共通の友人のようで、大学で建設工学を教えているという。全く違う職業の三人が、どのようにして友人になったのか、周平は不思議に思った。
"おはよう、矢野さん。息子さん達も元気なようだね"
"久しぶりです、先生。相変わらず元気そうですね" と慎介が言った。
"おい、みんな、昨日話していた矢野さんと、息子さん達だ。高校生だけれど、発展途上国の社会資本整備に興味を持っているというから、大学生の君らより優秀かも知れんぞ"
と早川先生は学生達に向かって言った。
"おはようございます。よろしくお願いします"
早川先生の学生さん達が大きな声で挨拶した。続いて、周平達三人が
"おはようございます。色々と教えてください。よろしくお願いします"
"みなさん、息子達がお世話になりますが、よろしくお願いします"
と慎介が挨拶した。
　周平達がカンボジアに来たのは、早川先生達と共に、日本の国際協力事業団（現在：国際協力機構）の援助で行われているプロジェクトを見せてもらうためであった。

■3.2　カンボジア王国への思い

　周平達がカンボジアに来ることになったのには、物語があった。高校1年生が終り、2年生になる前の春休み、周平は、神戸と京都へ行った。神戸で哲平に会い、地震災害の復旧を見た。京都では哲平や有可と一緒に、健太郎叔父から琵琶湖疏水の話を聞いた。翌日、叔父の言っていたインフラストラクチャー（Infrastructure）、社会資本整備という言葉に興味を持って哲平達とインターネットで調べたが、数時間でやめてしまった。
　2年生の夏休みはブラブラと過ごした。3年生になり、大学受験のた

第3章　発展途上国での社会資本整備プロジェクトを考える

めの勉強が始まったが、なかなか集中できない。大学には行きたいが、どのような学科を選んだらよいのかわからない。5月、6月と時間はどんどん過ぎて行く。

　"学科ねえ…、お父さんが海外出張から帰ったら相談してみたら……"
と母が言った。高校に入ってから、周平は父の慎介と話らしい話をしたことがない。出張から戻った週末、夕食のテーブルで、ビールを飲んでいる父に、周平は恐る恐る話し出した。

　"自分が将来どのような仕事をしたいのか、見つけなければ、行きたい学科が決まるわけはないのさ。大学に入れるならどんな学科でもいいというのでは悲しいよな…"と慎介は言った。父の言葉は周平の胸にずしんと響いた。

　"大学は習うところではないんだ。学ぶところなんだよ。自分が、今、興味を持っていることは何か、そこを考えてみないと、大学に行く意味はないんだよ。日本は中学までが義務教育だろ、本当は高校も同じなんだよ"と言って、慎介はビールをごくりと飲んだ。

　そして、"これは、私が周平ぐらいの時、おじいちゃんから言われたことなんだがね"と言って笑った。

　有可は学校の先生になると言っていた。哲平は情報関係の仕事をやりたいようだ。それに二人とも大学のある付属高校に通っている。自分のような焦りはないのだろうと周平は思った。

　"将来やりたいことと言われても…、それがよく分からないんだ"と周平は言った。

　"今の日本には情報や物があふれている。豊か過ぎるということは、若者にとって幸せなことなのかと、発展途上国の若者を見ていると考えてしまうよ。自分の将来を自分自身で真剣に考える環境がなくなっているのかもしれないね。物や情報の乏しい発展途上国の若者は、君らよりずっと自立心が強いよ。みな将来に対する目的意識を持ってい

るんだろうな"と慎介が言った。
　物や情報の乏しい発展途上国の若者と聞いて、周平は京都の健太郎叔父が言っていた明治時代の技術者の話を思い出した。そして、言った。
"お父さん、僕、発展途上国に行ってみたいんだけれど……。今度の夏休みに、どうかな……"
"いいかも知れないね。8月に仕事でカンボジアに行くことになっている。一緒に行ってみるか。有可や哲平も誘ってみたらどうだ。修学旅行で行けるところではないぞ"と慎介は言った。
"あなた、本気なの。カンボジアっていったら、地雷とか…大丈夫…"と母が心配そうに言った。
　夏休みにカンボジアに行くことを哲平と有可にメールで知らせると、二人とも一緒に行きたいと言ってきた。カンボジアでの"サマースクール"はこうして決まった。
　周平達は、出発する前に、カンボジアについて調べてみた。

カンボジア王国
　首都：プノンペン
　面積：181,040 km^2（日本　378,000 km^2）
　人口密度：59人／1km^{2}当たり（日本　333人／1km^2）
　気候：雨季、乾季の2種類
　言語：クメール語
　通貨：リエル（100リエル≒3円）
　人口：約1,100万人（日本　1億2,776万人）
　1人あたりのGDP：260ドル（日本　35,000ドル）
　（GDPとはGross Domestic Productの略で、国内総生産を意味する）

　そして、旅行案内には以下のように書かれていた。

第3章 発展途上国での社会資本整備プロジェクトを考える

> カンボジアは長きにわたる内戦の結果、ほぼ全てのインフラが破壊されてしまっている。そのため、インフラ整備が遅れており、ゴミ処理も不十分なため町は決して清潔とは言えない。首都プノンペンにおいても、観光都市としての役割を果たしているとは言い難い。今後も海外からの援助を必要とするであろうという状況が窺える。また、高温多湿なこの国では食べ物も悪くなりやすい。飲料水に関しては、ミネラルウォーターを買うことが必要である。

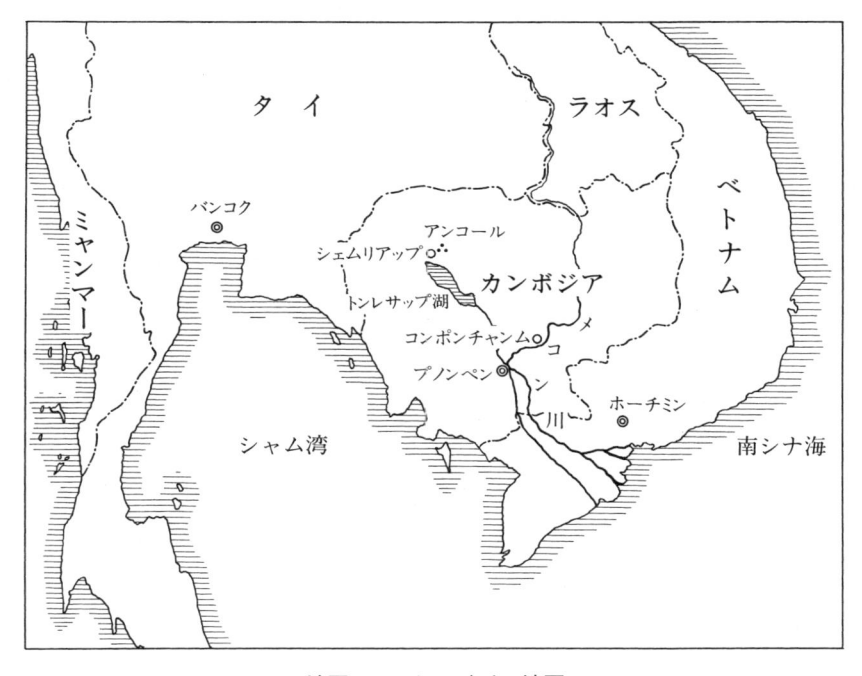

地図3.1　カンボジア地図

　周平達は、カンボジアという国が、日本に比べ、人口が1／10以下、人口密度が1／5程度であり、ゆったりした国であることを知った。同時に、一人あたりの国民総生産が100分の1以下の国であることを知った。

写真3.1　プノンペン市内（上空より）

写真3.2　プノンペン市内（国道沿い）

　周平には、100分の1以下の経済レベルでの生活というものが、どのようなものか想像できなかった。

　周平は父の慎介から国際協力事業団（現在：国際協力機構）について話を聞いていた。国際協力事業団は、日本政府が海外の国々を援助す

るための様々な活動を行なっている組織であるという。周平達はJICA（Japan International Corporation Agency）と呼ばれている国際協力事業団のホームページにアクセスして、その活動について調べてみた。

写真3.3　プノンペン市内（路地）

写真3.4　プノンペン市内（メコン川沿い）

> **調べてみよう！**
>
> 国際協力機構について。http://www.jica.go.jp/
> GDP (Gross Domestic Product)、GNP (Gross National Product)、GNI (Gross National Income)

■3.3　日本の国際援助プロジェクト

　カンボジアに到着した翌朝、周平達は早川先生や大学生達と共にプノンペン市内にある国際協力事業団の事務所を訪ねた。事務所では国際協力事業団の所長と援助プロジェクトの技術専門家の方が面談に応じてくれた。所長はカンボジアについて以下のような内容の説明をしてくれた。

・カンボジアと日本の国民所得の差
・タイの技術・文化の原型がカンボジアであること
・ポルポト派（内戦派の一派）による知識人の処刑
・基礎教育を受けられていない人が何人もいること
・農業・観光業以外の産業がほとんどないこと

写真3.5　JICA OFFICE

・保健・衛生・教育の普及と地雷除去などにより生活を豊かにすることが必要であること

　国際協力事業団の所長の話はとても興味深いものだった。周平達は、所長がカンボジアという国を心から愛し、日本がどのような援助をしたらよいかを真剣に考えているのだなと思った。周平や学生達は以下のような感想を所長に述べた。

宮垣："日本が産業先進国への道をたどり出したのは最近100年程度の話ですよね。所長の言われた、アンコールワットなどの歴史的建造物から分かるように、歴史から見ればカンボジア人の方が優秀なのかもしれないというお話には非常に考えさせられました。国際援助というものは、その国の持つ歴史的な背景とか、地域特有の条件を尊重し、これを生かしたものでなくてはならないのですね"

北島："カンボジアの歴史、文化等、いろいろなことを学ぶことができて、非常に有意義なお話をお聞きすることができました。今後のカンボジアの課題として、産業の創出が大きな意味を持つと思いました。日本としてのどのような協力、援助が必要なのかを私達、日本の若者が提案できるとよいと感じました"

志野口："カンボジアの人々は親日的であるというお話でしたが、人々がこういったイメージを持つようになった背景は何かを考えていました。今日のお話をお聞きして、これまで日本が行ってきた様々な援助活動があったからだと思いました。所長の話を伺って国際協力の重要性を知ることができました"

五島："カンボジアの現状を教えていただき、私達日本人がどれほど幸せな社会に生きているのかをあらためて実感することができました。教員や技術者といった国の発展を担う人達がどんどん殺されていったというお話でしたが、とても恐ろしいと感じました"

白鳥："これまで、戦争というものがどのようなものか、実感として理解できませんでした。一度戦争が始まると、終わらすことがとても難しいのだと感じました。特に内戦というものは、ものすごい苦難を与え、傷跡を残すのだと感じました。政治がいかに大事かということを実感しました"

　周平達も、学生達も、みんな真剣に感想を述べていた。所長と技術専門家の方はうなずきながら聞いていた。周平は、国際協力というものがどのようなものなのかを、まだ少しであるけれど感じることできたように思った。

　国際協力事業団の事務所で所長のお話を伺った後、周平達は早川先生達と共に、郊外へ向かった。カンボジアの農村部で行なわれている国際協力事業団のプロジェクトを見学させてもらうためである。技術専門家の方がプロジェクトの視察に行くというので、同行させてもらえるようお願いしていた。このプロジェクトは、井戸を掘り、村々に生活水を供

写真3.6　村の様子1　(説明会)

第3章　発展途上国での社会資本整備プロジェクトを考える

給するものだという。プノンペンの市外を抜け、しばらく走ると、アスファルトで舗装された道路をはずれ、でこぼこ道に入った。周平達を乗せた大型四輪駆動車は、激しく揺れた。

　車が村の広場のような所に止まった。広場には、たくさんの村人が集まり、講習会のようなものを行なっていた。集会の中に数人の日本人と思われる人達がいた。周平達は何の集会かわからなかった。早川先生がその人達を紹介してくれた。国際協力事業団の技術専門家と建設コンサルタント企業の人達であるという。

　技術専門家の方が、ボーリングマシーンと呼ばれる大きな機械で地中を掘って、飲料水として使える井戸を造るのだと説明してくれた。
　井戸と聞いたとき、周平達は10mか、せいぜい15m程度の深さのものかと思った。しかし、井戸の深さが100m以上もあると聞いて驚いた。
　"掘った井戸から水をくみ上げるのに電気ポンプを使うのでしょうが、電気をどこから引いてくるのですか"と一人の大学生が質問した。村には電柱も電線も見えなかった。

写真3.7　村の様子2（井戸掘削中）

写真3.8 村の様子1（維持管理中）

"電気は使いません。手押しのポンプで水をくみ上げます"と建設コンサルタントの方が言った。
"ええ！100mも深いところから水をくみ上げる手押しポンプなんてあるんですか。僕の実家は農村ですが、そんなポンプは見たことがありません"とその学生が言った。
"ええ、日本ではほとんど使用されることのないタイプの手押しポンプですから、見たことがないのは当然でしょう"
"構造としては浅井戸用のポンプと同じなのですが、少し複雑なので定期的に維持管理をしっかりやる必要があります。だから、村の人達に共同組合みたいな組織を作ってもらい、維持管理を自分達でやってもらわなくてはなりません"と建設コンサルタントの方が言った。
"このプロジェクトは井戸を造るだけではなく、造った井戸を管理する組織の編成、運営システム、そして維持管理技術を村人に教える内容となっています。さっきの集会は、そのためのものです。次の村で維持管理の教育をやっているから、どんなものか見られますよ"と技術専門家の方が説明してくれた。
周平達はとても興味を持って、説明を聞いていた。日本でほとんど使

われることのない技術を、発展途上国のためにいろいろ考えて用いる。すごいことだなと皆で話した。

　周平は、井戸の援助プロジェクトが実施される前、村人達がどのようにして飲料水を確保していたのかを知りたかった。

　"あの家の横に大きなカメが見えるでしょう。村の人達は、あの土器のカメに雨水を貯めて、生活水を確保していたんですよ。乾季には、ほとんど雨が降らない。生活水の確保は難しく、貯めた水も不衛生なものとなってしまう。井戸ができて村の人達の生活環境が一変したわけです"と建設コンサルタントの方が説明してくれた。

　"自分達は、水道の蛇口をひねればいつでもきれいな水が飲める生活をしている"周平は健太郎叔父が言っていた社会資本整備事業という意味が理解できた感じがした。

　3つの村を回って、井戸掘りの現場、協同組合結成の集会、そして維持管理教育を見学させてもらった。プノンペンへ帰る車の中で、周平達は早川先生の学生達とプロジェクトの感想をいろいろ話した。

宮垣："日本では水道、下水道、ごみ収集といったことはすべて都や区、市町村といった行政の役割だと住民は思っていて、社会資本施設の維持管理などほとんど考えないですよね。だから、社会資本整備事業についての人々の関心が薄いのかもしれない。今日会った村の人達は"自分達の水"という意識を持っていました。人々が本当に必要としているものを、供給する人、される人が互いに力を合わせて、作り上げている。この国の人達も、いずれ今の日本と変わらなくなって行くのかもしれませんが、今回、社会資本整備事業の原点をみることができた感じがします。本当に良かったと思います"

北島："生活水確保の重要性、そして人々の教育の重要性を現場レベルで見ることができて、とてもよい経験でした。世界のいろいろな

写真3.9　生活水確保用カメ

　　　国で同じ様な日本の開発援助プロジェクトが進められていると聞きました。これからも機会があればいろんなプロジェクトを見てみたいです"
志野口："このプロジェクトを見学して強く感じたことは、『自分達でできることは自分達でさせる』という姿勢の重要さです。他のプロジェクトがどのように行なわれているかわかりませんが、これが開発援助プロジェクトの基本ではないかと感じました"
五島："電気、水道が簡単に手に入る日本と違い、電気がなければ水道も自らの力で地下から引き出さなければならない。また、水道や電気を日頃当たり前に使っていて、目に見えない所に造られた設備の有難さ等を考えたこともなかった。生きてゆくことの大変さを感じた"
白鳥："ここでは造るだけでなく、今後末長く大事に使ってもらう為の維持について、技術支援している。日本に整備された社会資本設備って、膨大な数だがどうやって使い続けていくのか？ちょっと勉強してみたい気持ちになった"

第3章　発展途上国での社会資本整備プロジェクトを考える　　39

写真3.10　カンボジア紙幣（カンボジア500リエール札）裏：KIZUNA橋

写真3.11　カンボジア紙幣（カンボジア500リエール札）表側：カンボジアの国家的財産・アンコールワット遺跡

　その夜、周平達は、早川先生達と夕食を共にすることになった。早川先生は、テーブルに着くとこう言った。
　"はい、今日の夕食は一人3ドルまで。みんなしっかりメニューを見て"
　夕食はとても楽しかった。食事が終わり、ロビーで話し合った。
　"先生、ここに来て、俺、建設という仕事が、人々の生活を支える仕事なんだなって、初めて実感しましたよ"と学生の宮垣が言った。
　"安心して使える生活用水が手に入る。村の人達、みんな工事してい

写真3.12　KIZUNA橋　入口

写真3.13　KIZUNA橋

る人達を尊敬の眼で見ていましたね"と学生の北島が続けた。
　"昨日見に行った、コンポンチャムの橋。あの橋の名前、KIZUNA 橋というらしいけど、あれ、日本語の"きずな"なんですってね。メコン河の両岸を結ぶ"きずな"、日本とカンボジアを結ぶ"きずな"という意味で付けたらしいですね、先生。カンボジア工科大学の人から

第3章　発展途上国での社会資本整備プロジェクトを考える　　　　41

写真3.14　KIZUNA橋入口付近になる記念モニュメント

聞きましたよ"
"この国は、その構造物を造るために援助してくれた国の言葉を名前に付けるようだ。プノンペンには日本橋とか、毛沢東通りとかあるだろ。昨日会った原田さんが、KIZUNA橋の名付けの親らしい。彼は、あの橋のプロジェクトマネジャーやってたんだ。KIZUNA橋、すごく奥ゆかしい名前だよな"と早川先生が言った。
"ええ！あの原田さんが、すごいな"
"そして、日本の技術者達がメコン河に架けた橋が、カンボジアのお札になっちゃった。ああいう工事、日本でもないのでしょうかね。あったら、みんな建設技術者を尊敬しますよ"と志野口という学生が続けた。
"キムタクが建設技術者をやるドラマかなんかできちゃったりして…。そうしたら、いっぺんにモテモテ…"酒が少々廻ったのか、白鳥という学生が言った。

"そういうプロジェクト、あるかどうかか…。君らで考えてみたらいい…"と早川先生が言った。

"琵琶湖疏水なんて、そういうプロジェクトだったのではないですか…"

有可が小さな声で言った。

"阪神・淡路大震災の復興の時も、みんな感謝したし…"と哲平が続けた。

"その通りだ。すごいね、君達…"と早川先生が言った。有可も哲平も、先生の言葉にびっくりした。

"阪神・淡路大震災の時は災害復興、これは特殊なケースだよね。琵琶湖疏水が造られた明治時代、日本はカンボジアと同じように、発展途上国だった。でも、今の日本は違う。先進国になるに従い、みんなに喜ばれるプロジェクトを見つけ出すのは、難しくなってくる"と五島という学生が言った。

"やっぱ、『キムタク』の建設技術者、難しいか…"と白鳥が言った。

"簡単な話さ"と早川先生が言った。

"お、来たぞ！"と宮垣が大きな声で言った。"簡単な話さ"は、早川先生の口癖らしい。

"建設工学は、国民が必要とする社会基盤を整備するためにある。国民が本当に必要なものが何かを、建設技術者自身で考えればいいのさ。ちゃんと考えれば、少なくとも余分なものは造らなくなる。それと造ったものを、大事に使い続けられるようにすることも大切な技術の一つということを覚えておくように！"

"白鳥、若い子はだめでも、おばちゃんにはもてるようになるんじゃないかい"

早川先生は、少しおどけるように言った。

周平は早川先生の"簡単な話さ"という言い方や、先生と学生達とのやり取りがとてもおもしろかった。そして"国民が本当に必要なものが

何かを、建設技術者自身が考える"と言った言葉が、健太郎叔父の話していたことと繋がるような気がした。

第4章 歴史的な社会資本整備プロジェクトを考える

■4.1 琵琶湖疏水の計画について考える

　夏休みが終り、新学期が始まった。
　周平は、食堂の掲示板に"夢プラン21：明日をつくった男たち〜田邉朔朗と琵琶湖疏水"というポスターを見付けた。ビデオ鑑賞会のお知らせである。『琵琶湖疏水。高校に入る前の春、有可達と行った所だ』と周平は思った。あの時、健太郎叔父から聞いた琵琶湖疏水と田邉朔朗の話を思い出した。健太郎叔父から話を聞いた翌日、周平は有可と哲平と共に、叔父のパソコンを使わせてもらって、琵琶湖疏水についてインターネットでいろいろ調べた。

写真4.1　市内を今も流れつづける疏水

あれから3年近く経っている。カンボジアに行った時にも、有可が疏水の話をしていたっけ。ビデオをぜひ見に行こう、と周平は思った。
　鑑賞会のビデオは、インターネットで調べたより、ずっと詳しく琵琶湖疏水と田邉朔朗について物語っていた。資料や写真が多く紹介されていて、明治の初め、近代化を強力に押し進める国家の中で、若い田邉朔朗が、どのようにして琵琶湖疏水の計画から実施に携わったかが、アニメーションを効果的に使って描かれていた。BGMもよかったと周平は思った。

第4章　歴史的な社会資本整備プロジェクトを考える

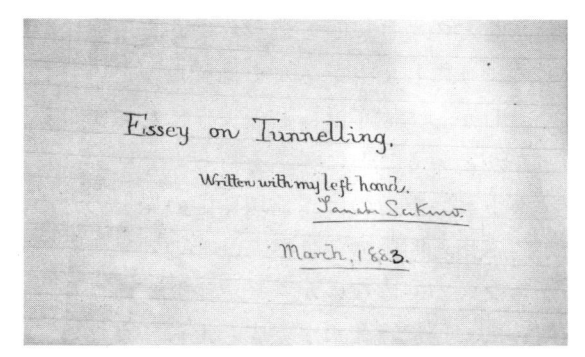

写真4.2　左手で書かれた田邉朔郎の卒業論文草稿・第2編
（京都市上下水道局・田邉家資料）

　ビデオを見て、周平が驚いたのは、明治時代の若者の学問に対する打ち込み方であった。
　田邉朔郎だけではない。明治の学生は、自分の辞書などとても買えない時代に、英語を勉強し、英語で講義を聞き、その内容をインクとペンでノートに書き取れる力を付けた。パソコンなんか当然ない。そして卒業論文も英語で書いた。測量作業中に利き腕の右手をけがした時には、ペンを左手に持ち替えて論文を書いた。田邉朔郎は、自分と同じような歳で、日本の発展を考え、プロジェクトを検討し、実施計画案を作った。そして、そのプロジェクトは多くの人の尽力で実現された。こんな気力がどこから生まれてきたのだろうか。
　周平は、文明が発達した社会に生きている自分達と比べると、明治の若者達の生き方がとても不思議に思えた。田邉朔郎は、琵琶湖疏水の工事中に、最新の技術を見出すためにアメリカに渡った。そして、様々な技術を持ち帰った。当初の計画では、琵琶湖から引いた水で水車を回し、工場を動かすことになっていた。しかし、アメリカで水力発電を知り、これを導入し、広範囲な地域への電力供給を行う計画に変更した。田邉朔郎の研究熱心さと柔軟な考え、そして決断力が、衰退した京都の街を再生させたと言っていいだろう。

ビデオは、疎水をどのようにして建設したかを丁寧に説明していた。田邉朔朗達がどのようにしてトンネルを掘ったかといったことはもちろん興味深かった。しかし、周平は、どのようにしてプロジェクトの計画をまとめて行ったかということに興味を持った。

　建設プロジェクトというものは、地域や国の発展のために計画され、行われる。だが、本州と四国の架け橋も、その効果はかなり後になってからでしか分からないのではないか。ビデオではあまり言っていなかったが、田邉朔朗達は、琵琶湖疎水が完成したら、京都の発展にどのような効果を、どの程度もたらすのか、研究していたのだろうか。もしやっていたとしたらすごい、と周平は思った。周平は、京都の健太郎叔父に聞けば分かるかも知れないと思い、その晩、叔父にメールを送った。翌日、叔父から返事のメールが届いた。

周平君へ
前略
　君から難しい質問を受けて驚いています。田邉朔朗が琵琶湖疎水の計画を行った頃、国が目指す基本方針（これを、国家総合計画という）や、地域の基本方針（地域整備計画という）をどのように考察し、実施するプロジェクトが地域にどのような社会的・経済的な効果を与え、その結果国全体がどのようになるかを検討（事業化適正調査：フィージビリティースタディーという）していたかどうかはあまり資料もなく、よく分かりません。
　私達は琵琶湖疎水が完成してから約100年後の世界にいるわけですが、田邉朔朗は、100年後の京都、あるいは日本がどのような国になると考えていたかどうかも分かりません。しかし、君の疑問はとても貴重なものだと感じます。
　もし、田邉朔朗が将来の社会を予想していたとしたらすごいですね。田邉朔朗が琵琶湖疎水の建設によって地域や国全体がどのように変わるのか予測した方法がわかれば、現代のプロジェクトが100年後の社会にどのような効果を現すかが分かることになります。実際に、社会基盤整備事業の効果をどのようにして計るのかについては、私にはよく分かりません。君が、大学生になったら、ぜひ、取り組んでほしい研究課題だと思います。
草々
健太郎

第4章　歴史的な社会資本整備プロジェクトを考える　　　　　　47

　"国家の計画、地方の計画を作り、計画したプロジェクトが作り出す効果を予測する。建設技術者の仕事ではないみたいだが、できたらすごい"周平はなにか新しいものを発見したように思った。健太郎叔父の言っている、国家総合計画、地域整備計画、事業化適正調査、フィージビリティースタディーとかいうものがどんなものかいつか勉強してみようと周平は思った。

調べてみよう！

国家総合計画、地域整備計画、事業化適正調査、フィージビリティースタディー

■4.2　田邉朔朗の卒業論文草稿

　周平は、ビデオを見ているうちに、田邉朔郎の英語で書かれた卒業論文を読んでみたくなった。田邉朔郎に関する書物が多く出版されているであろうことは想像に難くなかったが、やはり現物に触れてみたいと強く思った。インターネットで調べてみたが、卒業論文がどこに保管されているのかは分からなかった。京都の健太郎叔父に相談することにした。
　"わしも、一度見たいと思っとたんや。周平、琵琶湖疏水記念館というのがあるはずや。電話して聞いてみい"と叔父は言った。
　周平は早速、琵琶湖疏水記念館に電話で問い合わせてみた。
　"もしもし、私は工業高校の生徒で矢野周平と申します。実は、土木学会で作成した琵琶湖疏水に関するビデオを観て、どうしても田邉朔郎の卒業論文の原本を読んでみたいという気持ちになりました。そちらで保管されているならば、見せていただけないでしょうか"
　"田邉朔郎の卒業論文ですか、本記念館に保管してありますよ。ただし、卒論の原本ではなく、草稿です"
　周平は、明治の技術者の論文に触れてみたいという欲望を抑えること

ができなかった。
"ぜひ、閲覧させていただきたいのですが"
"京都市上下水道局総務課の閲覧許可が必要ですので、そちらに相談してください。現物は当館に展示してあります"
周平は京都市上下水道局に電話をした。
"琵琶湖疏水記念館に保管されている田邉朔郎の卒論草稿を閲覧、写真撮影させていただきたいのですが、許可していただけるでしょうか"
"勉強の一環ということでしたら、上下水道局職員の立会いの下で、閲覧および写真撮影をしていただいても結構です。ただ、高等学校の生徒さんだと、貴重な資料なんで、どなたか責任ある立場の方に同行していただけないかと……"
"叔父が京都の工業高校で建設工学科の教員をしています。一緒に行ってもらうことにしています。よろしいでしょうか"
"工業高校の建設工学の先生であれば、問題ないと思います"
"叔父の方から再度、電話をしてもらいますので、よろしくお願いいたします"

写真4.3　琵琶湖疏水記念館

第4章　歴史的な社会資本整備プロジェクトを考える　　　　　　　　49

　健太郎叔父は、京都市上下水道局の担当者の方と、周平の都合のつく日を調整し、日程を決めてくれた。周平は新幹線で京都へ向かった。京都駅から、地下鉄を乗り継いで蹴上駅で下車し、日本初の急速ろ過式の技術を使った浄水場である蹴上浄水場、明治期から使われ続けている蹴上発電所を左手に、荷物を積んだ舟を引き上げたり下げたりしたというインクラインを右手に見ながら、坂道を下ると、南禅寺の交差点付近に記念館はあった。待ち合わせの時間にまだ多少の余裕があったが、館の前にはすでに健太郎叔父が待っていてくれた。
"おお、周平来たか"
"叔父さん、お忙しいのに本当にすみません"
"いやいや、建設工学を勉強する者にとって、田邉朔郎の卒論は、一度は読んでみたい歴史的な著作だからね。さあ、中に入ろう"
　館に入ると、すぐに受付があり、
"先日、電話でお願いさせていただいた矢野と申します。田邉朔郎の卒業論文草稿の閲覧をお願いした者です" と健太郎叔父は窓口の人に話し掛けた。

写真4.4　インクライン

控え室から、館長と担当者が現れた。

　"私は矢野健太郎と申します、工業高校の教師をしております。これは甥の周平です。本日は、ご迷惑をお掛けしますが、よろしくお願いいたします"と健太郎叔父は挨拶をした。周平と健太郎は閲覧コーナーに案内され、しばし待つよう言われた。閲覧コーナーには琵琶湖疏水に関する書物が陳列されており、また"命の水　琵琶湖疏水"というビデオを見せてもらうことができた。

　二人でビデオに見入っていると、館長が純白の手袋をはめて、お盆の上に2冊の古びた書物を持って現れた。それらは、周平が以前ビデオで見たものと同じ、B5版の灰緑色の表紙の卒論草稿であった。

　館長は2冊の書物を机の上に並べた。表紙には白い紙が張られており、そこには、"琵琶湖疏水工事"という文字と"田邉朔郎"という文字が確かに書かれてあった。また、その白い紙に邪魔されて元々の表紙に書かれてある文字は一部しか読み取ることができないが、そこには、"工部大学校""Sakuro""left hand""ENGINEERING""March 1883""Brief note"などの文字を読み取ることができた。

　館長は、"それでは、手袋をしてから、閲覧してください。写真撮影も結構です。ただし、大分古いので、丁寧に扱ってください"と言って戻って行った。閲覧室には、周平、健太郎と上下水道局の担当の方が残った。

　"周平、それじゃあ早速、中を見させていただこうか"という健太郎の言葉に促されて、周平は、手袋をはめて、恐る恐る1冊の扉を開いた。ノートの紙は完全にセピア色に変色し、装丁も崩れているが、中に書かれた文字は鮮明で、インク書きの英文がびっしりと並んでいた。随所に、訂正・加筆・削除などの校正の痕が残っており、草稿であることは明らかである。最初の数ページをめくると、そこには"Brief note on Kioto-waterworks"と書かれており、琵琶湖疏水にかかわる草稿であること

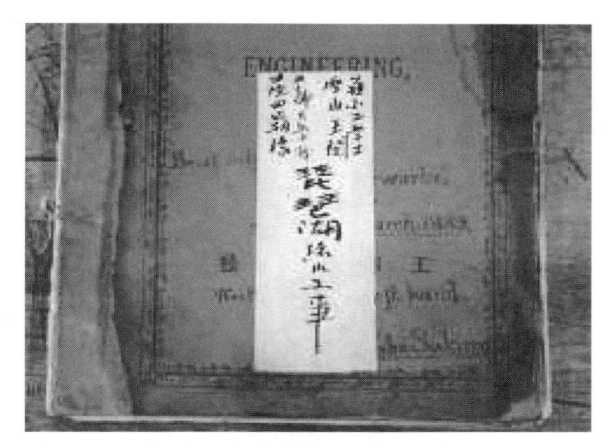

第4章 歴史的な社会資本整備プロジェクトを考える　　　51

写真4.5　田邉朔郎の卒論草稿：琵琶湖疏水工事
　　　　（京都市上下水道局・田邉家資料）

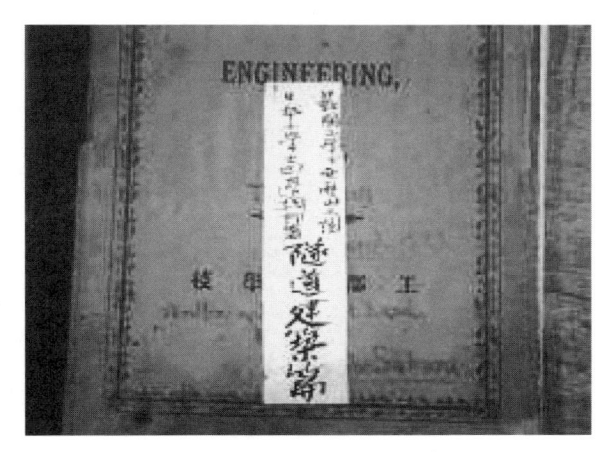

写真4.6　田邉朔郎の卒論草稿：隧道建築篇
　　　　（京都市上下水道局・田邉家資料）

がわかった。

　すべての文字が田邉朔郎本人によって書かれたものであり、ページをめくっていると、そこに工部大学校の学生・田邉朔郎が現れてくるので

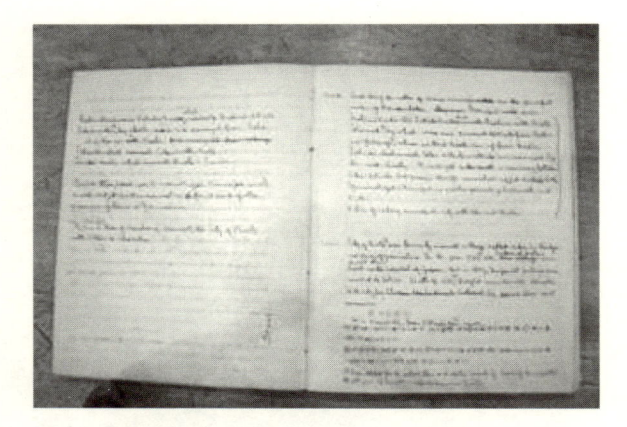

写真4.7　卒論草稿1冊目 Brief note on Kioto-waterworks
（京都市上下水道局・田邉家資料）

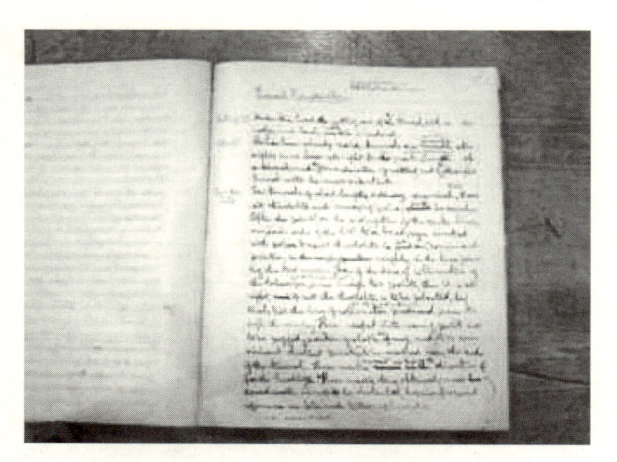

写真4.8　卒論草稿2冊目 Essay on Tunnelling
（京都市上下水道局・田邉家資料）

はないかという錯覚にとらわれる。すぐにでも、読んでみたいがその時間はない。周平は持参してきたデジタルカメラの解像度を最大に設定して、1冊目の草稿すべての54ページを写真に収めた。

第4章　歴史的な社会資本整備プロジェクトを考える

写真4.9　卒論草稿、卒業証書など
（京都市上下水道局・田邉家資料）

　つづいて、2冊目の表紙を開いた。そこには"THE IMPERIAL COLLEGE OF ENGINEERING""Essay on Tunnelling""written with my left hand""Tanabe Sakuro""March 1883"などの文字が書かれてある。こちらは、疏水に関連した墜道、すなわちトンネルに関する論文である。ページ数は87ページである。"written with my left hand"と書かれているが、右手で書かれた1冊目の文字と、まったく区別がつかないほど端正な文字である。

　周平は、全ページを写真に収めた。すべてのページを撮影するのにおよそ2時間が必要だった。破損が随所に見られる資料の閲覧は、大変な緊張を必要とするものであった。閲覧を終了した後、周平は自分のハンカチが汗でびっしょりであったことに気付いた。
　"周平、自分で思い立った勉強や、今日見せていただいた資料を自分で整理してみい。わしも、手伝ってやる"と健太郎叔父は言った。
　館長と担当の方にお礼を言った後、館内の展示室を回った。館内には4つの資料展示室があり、疏水工事関連資料、疏水関連の書画・先人の

遺品、水道事業・市電・幹線道路という京都三大事業などに関する貴重な資料が収められていた。2階の第2資料展示室に、閲覧した田邉朔郎の卒論草稿、卒業証書などが陳列されていた。

　周平は、以前、有可と一緒に水路に沿った小道を歩いたことを思い出した。田邉朔郎の仕事のほんの一部ではあるが自分自身で調べ、改めて彼の偉大さに触れた。周平は、もう一度あの道を歩いてみたいと思った。記念館の裏から続く、当時船運に用いられたインクラインの跡を通って田邉朔郎の銅像、疏水に沿った小道、水路閣と、健太郎と一緒に、田邉朔郎をはじめとする先人達の偉業をかみしめるように、ゆっくりと踏みしめて歩いた。南禅寺から地下鉄の蹴上駅までおよそ1時間をかけて回った周平は、健太郎叔父に別れを告げた。その日に撮影した百数十ページにおよぶ原稿の写真が収められているかばんをしっかりと抱えて、周平は東京への帰途を急いだ。東京へ帰ってからこの貴重な資料にじっくり目を通す日が待ち遠しい気持ちだった。

■4.3　田邉朔郎はどのような計画を行ったのか

　東京に帰った周平は、写真に収めてきた草稿のすべてをパソコンでプリントアウトした。そして、まずは論文の全体の構成を知ることが重要と考え、目次を作成してみることにした。章節の番号が明確に示されておらず、だいぶ苦労をしたが、なんとか1冊目の"Brief note on Kioto-waterworks"の目次らしきものを作成した。

　琵琶湖疏水篇と言うことのできるこの論文では、京都市、琵琶湖、宇治川および淀川に関して概観した後、京都の水事業、京都水路事業として疏水事業の要素となる各水路、墜道（トンネル）、河川改修などについてまとめているようである。

第4章　歴史的な社会資本整備プロジェクトを考える

　周平は、この膨大な資料の各ページをめくってみて、これをどう扱っていいのか分からなかった。いろいろと悩んだ末、父の慎介に相談した。
　"私は技術者ではないから、どうするかは健太郎叔父さんに聞きなさい。ただ明治の技術者が書いた英語の文章は興味あるね。読んでみたいよ"
　その週末、父の慎介は周平の編集した論文の写真集をディスプレイに映し、映像を一つ一つていねいに読んでいった。
　"おもしろい。これまでに思っていた"建設技術者"のイメージとは随分と違うね。琵琶湖疏水の完成によって京都の社会がどのように変わるかが書かれている。これは、"工事計画"ではなく、まさに"プロジェクト計画"だね。周平と同じような年齢の明治の若者が書いた文章だ。君は100年後の若者、自分で日本語に訳してみなさい"と言った。
　"難しいところは、手伝ってやるよ"と言ってくれた。周平は、父の英語力は十分に知っている。父の言葉がとても力強く感じられた。
　周平は先ず目次から辞書と首っ引きで、訳し始めた。周平にとって初

めての生きた英語との戦いであった。草稿であるために、文章には未完成の部分が多くある。とても高校の教科書のようにはいかない。意味が分からないところがたくさんある。父に助けてもらいながら、目次の訳は何とか終わった。

　父はいろいろ指導してくれたが、周平には、全部を和訳するには数ヶ月も必要に思えた。

　"とても全部は訳せないのなら、先ずは、重要な部分を訳したらどうだ。京都の健太郎叔父さんに相談するといい。だが、平成の若者はだらしないって怒られるかもしれないぞ"と父は笑って言った。

　周平はためらいながら健太郎叔父に電話した。

　"そうだな、琵琶湖疏水の工事責任者としてのちに京都に招聘されることになる朔郎が、京都の水事業についてどう考えていたのかを示すような部分があれば、その部分だけでもじっくり読んでみたらどうだろう"という答えが返ってきた。

　周平は確かにそこが最も重要な部分だなと思った。該当する部分は"Brief note on Kioto-waterworks"にあると目次から判断した。そして、その中から、京都の水事情と琵琶湖疏水が必要との結論を記述している部分を読んでみた。そしてさらに、周平はこれを日本文に訳してみた。

　内容は、まず、京都における水事情について述べた後、渇水や河川氾濫にたびたび襲われた状況を抜本的に改善する必要性を論じている。そして、そのためには、琵琶湖から京都に至る疏水、京都から横大路に至る疏水、並びにそれによる水供給などの施策が、不可欠であると説明している。

　工部大学校の学生だった田邉朔郎は、当時20歳そこそこであった。周平は、若い学生がこのような壮大なプロジェクトの必要性を分析し、提言書をまとめたことに改めて驚いた。そして、その若者の熱意を評価し、実現させた人達がいたことにも驚かされた。

第4章　歴史的な社会資本整備プロジェクトを考える　　　　　　　　57

原文の目次
Brief note on Kioto waterworks by TANABE Sakuro

Introductory Chapter – section I, Kioto city	1
Introductory Chapter – section II, Lake Biwa	14
Introductory Chapter – section III, Ujigawa and Yodogawa	18
Kioto water works part1	21
Diminution of the level of the lake	23
Construction of Shiotsu canal, Fukusawa tunnel, and Yechizen cana	25
Improvement of Ujigawa	26
Construction of Karasaki canal, Shirakawa tunnel, Kioto canal, and improvement of Horikawa	27
Kioto canal works	28
Landing pier at the mouth of Obanagawa	31
Improvement of Obanagawa	32
New canal between, Miidela and Obanagawa	33
Lock near the Miidera	34
Nagarayama tunnel	38
Canal between Nagarayama tunnel and Awatayama tunnel	43
Awatayama tunnel	45
Quantity of water for propelling water wheels in Kioto	46
Fall at Shirakawa	47
Canal from Shirakawa to Kamogawa	48
Kamogawa Weir and Kamogawa improvement	50
Kamogawa Towing bridge	51
Takasegawa improvement	52

　周平は田邉朔朗の英語の論文を読み、自分自身で訳した。父の慎介に訳文を見てもらい、何度も修正をした。大変な作業であったが、琵琶湖疏水に関しての勉強はとても面白かった。
　"ずいぶんと頑張ったな。周平もやっとまともな生徒になったか" と慎介は笑った。

目次の和訳
京都における水事業に関する小論文（Brief note on Kioto-waterworks）

田邉朔郎　著

序章－第1節　京都市	1
序章－第2節　琵琶湖	14
序章－第3節　宇治川および淀川	18
京都の水事業：パート1	21
琵琶湖の水位の低下	23
塩津水路、福沢水路、越前水路の建設	25
宇治川の改修	26
唐崎水路、白川墜道、京都墜道の建設、および濠川の改修	27
京都水路事業	28
尾花川河口における埠頭桟橋	31
尾花川の改修	32
三井寺と尾花川の間の新水路	33
三井寺近傍の水門	34
長良山墜道	38
長良山墜道と粟田山墜道の間の水路	43
粟田山墜道	45
京都における推進水車に対する水量	46
白川における滝	47
白川から鴨川への水路	48
鴨川堰と鴨川改修	50
鴨川曳航橋	51
高瀬川改修	52

　そして、"田邉朔朗が論文にプロジェクトの採算性分析を書いていたのは驚いたな。周平、おまえ大学に行って、もう一度、琵琶湖疏水プロジェクトの採算性を分析していたか調べたらどうだ"と言った。

　翌日、周平は訳した英文を京都の健太郎叔父にメールで送った。叔父から返事がきた。

第4章 歴史的な社会資本整備プロジェクトを考える

"Brief note on Kioto-waterworks" のIntroductory Chapter—section I : Kioto city からの抜粋

(p.7)
　All wells in Kioto are very shallow, and are liable to dry up. While there is no artesian well, which gives constant supply of water. Hence, in dry years, Kioto is deprived from all sources of water. Followings are some of the dry years; 910, 948, 1032, 1222. A.D. in olden times, 1784 and 1784, 1880 more recently. During these dry years, the inhabitants found great difficulty to get water — many, in some instances brought fatal results. During the year 1784 all wells and streams dried up. Only source of water, then, was one of the wells in the interior the Imperial palace.
Tokio Daily News.
(読みとり不能につき中略)
(p.8)
　The nature of water in Kioto, is famous of its cleanness. It is remarkably free from hardness and organic impurities, being well suited for washing and tea. Such being the natures of water, Kioto is rather free from epidemic deceases. The principal river in Kioto is the Kamogawa. It rises from the foot of Kuramayama and flowing through the eastern part of the city, and joins at Yoko-oji with Katamagawa, which flows into Yodogawa. For the most part of the year it has but little water; but in rainy months (June and September) it frequently threatens to overflow. Attaining a depth of 5-15 ft, average inclination of the bed is 1 in 220 and width of the river is 360 ft. in city. Followings are some of the years in which the river overflowed: −929, 948, 986 in olden time and 1815, end 1866 more recently. Principal branches are Takanogawa, Shirakawa, Horikawa, Nakagawa, and Takawakawa, of which, the last mention, will be considered afterward.
(Table)
(p.9)
　Next principal river to consider is the Katsuragawa, the largest river

in the province of Yamashiro. It rises from the eastern part of the province of Tamba, and taking its course through the western part of Yamashiro, joins with Yodagawa, at Yoda. It contains large quantity of water at all seasons of the year. But it was not until the improvement made by Yoshida Rioi, in 1609 A.D., that a boat was able to go up and down the stream. This river flows 5 miles west of the city of Kioto, and therefore is of little use as a medium of transportation for the city. About 200 feet west of Kamogawa, there is a small canal flows, nearly parallel the former. This canal was constructed by Yoshida Rioi in 1611 A.D. in order to convey materials for the construciton of the Imperial palace. This is the only stream which is used in Kioto, as the medium of transportation; but the current being rapid, and the water being shallow, flat bottomed (欠落) are drawn by men and horses. The width of the channel is 20 ft and depth－2.5－3 gh., and the velocity of current is 4.5 gh per sec.
(p.10)
(街道および鉄道の記述が若干あるが、空白が多いため省略する)
(p.11)
　Such being the nature of rivers, carriages are the principal media of transportation. They are Principal roads (　欠　落　). Fushimikaido, and Takedakaido which connects Fushimi with Kioto, Tobamichi, by which rices are conveyed to Kioto from Toba and Yoko-oji, where we find boats coming from Osaka, Tokaido, which connects Qtsu and Kioto, materiais are conveyed by this road chiefly. Korekigre is the path a near-way between Otsu and Kioto, but passes through somewhat rugged and steep hills, Yamomakagre and Kinanagre are paths connecting Sakamoto and Kioto.
　A line of railway connects the city with Otsu and Osaka.
　City of Kioto was formally a small village called uda, in kudyno-kori, of Yamashiro. In the year 794 A.D. Imperial palace was built there, but in 1869, Imperial palace was removed to Tokio. Battle of 1865 brought considerable disaster to the city. It is navigable from Yoko-oji to Osaka.
(p.12)

第4章　歴史的な社会資本整備プロジェクトを考える　　　　　　　　61

Hence, the construction of navigable canal from Lake Biwa to Kioto, and the water supply of Kioto city will be found essential for the city. For which purpose we must have
1. The construction of e navigable canal from Lake Biwa to Kioto.
2. Construction of water wheels, by using a part of the canal water for propelling them.
3. Water supply of the city.
4. Construction of a Navigable canal from Kioto to Yoko-oji.

(京都水事業に関する小論文の序章1：京都市からの抜粋和訳)
(p.7)
　京都にあるすべての井戸はたいへん浅く、そして干上がる可能性が高い。これに対して、水の安定した供給をもたらす掘り井戸はまったくない。したがって、雨量の少ない年には、京都はすべての水源を失うことになる。雨量の少なかった年を以下に示す：すなわち、古くは910年、948年、1032年、1222年であり、より近年では1784年、1880年である。これらの雨量の少ない年には、住民は水を得るのに困難を極めた。－そのいくつかの年には破滅的な結果がもたらされた。1784年には、すべての井戸と小川が枯渇した。このとき、御所の敷地内にあった井戸のひとつだけが残された水源であった。
(Tokio Daily News)（読みとり不能につき中略）
(p.8)
　京都の水はその清潔さで有名である。まったくの軟水であり有機不純物をまったく含まないため、洗濯や茶に最適である。このような水質であることから、京都は伝染病に強い都市である。京都における主要な河川は鴨川である。鴨川の流れは、鞍馬山の麓にはじまり、市の東部を流れて、横大路で香玉川に合流し、これが淀川へ流れ込む。一年のうちの大半は、水量は少ないが、雨季（6月及び9月）にはしばしば氾濫の恐れがある。深さは5から15フィートに達し、河床の平均勾配は220分の1、市内における川幅は360フィートである。鴨川が氾濫した年を示す－すなわち、古くは929年、948年、986年であり、より近年では1815年、1866年である。主

な支流は鷹野川、白川、濠川、那珂川および高和川であり、これらについ
ては後述する。（表）
(p.9)
　次に考える主要河川は、山城地方で最大の河川であるところの桂川であ
る。桂川は丹波地方の東部にはじまり、山城の西部を通り、依田において
依田川に合流する。桂川は一年を通じて豊かな水量をもつ。（文章欠落）が、
これは1609年の吉田了以によってなされた河川改修以降であり、舟が流れ
を上流・下流のいずれへも行き来することができた。桂川は、京都市の5
マイル西方を流れ、そのため、京都市への交通手段としてはほとんど用い
られていない。鴨川の西方およそ200フィートの場所に、小さな水路が鴨
川とほぼ平行に流れている。この水路は、御所の建設のための資材を運搬
するために、1611年に吉田了以によって建設された。鴨川は交通手段とし
て京都において用いられている唯一の河川である。しかし、水流は急で、
しかも浅いため、底の浅い部分では人馬によって引かれた。水路の幅は20
フィートであり、深さは2.5から3gh、流速は毎秒4.5ghである。
(p.10)
(街道および鉄道の記述が若干あるが、空白が多いため省略する)
(p.11)
　このような河川の特性により、馬車が主要な交通手段である。これらは
主要な道路である（欠落があり、意味が不明）。伏見街道および武田街道
は伏見と京都を結んでおり、鳥羽道によって、鳥羽及び横大路から京都へ
米が運ばれているので、ここでは大阪から来る多くの舟を見ることができ
る。さらに、東海道は大津と京都を結んでいるが、資材は主としてこれを
通って運搬されている。Korekigreは大津及び京都の間の近道であるが（?
the pass near-way between Otsu and Kioto)、険しく急な坂を通っている。
Yamomakagre および Kinanagre は坂本と京都を結ぶ道である。鉄道は、
大津及び大阪と京都を結んでいる。
　京都市は正式には、山城地方の久地の郡にある宇多と呼ばれる小さな村
である。794年に御所が建設されたが、1869年には御所は東京に移された。
1865年の戦争は京都市に大損害をもたらした。横大路から大津へは航行可
能である。
(p.12)
　それゆえ、琵琶湖から京都に至る航行可能な水路の建設、京都市の水の

第4章 歴史的な社会資本整備プロジェクトを考える

供給は、京都市にとって不可欠であることが分かる。この目的のために我々は以下の事業を成し遂げなければならない。
1. 琵琶湖から京都へ至る航行可能な水路の建設
2. 水路の水の一部を用いて回される水車の建設
3. 京都市の水の供給
4. 京都から横大路へ至る航行可能な水路の建設

写真4.10 疏水記念館から眺める疏水

写真4.11 哲学の道に沿って疏水は今も流れる

"訳文は分かりやすく良くできています。琵琶湖疏水は、京都の復興計画という枠組みの中で、経済分析・財務分析・地域整備計画・工事施工が一体となって行われていた。琵琶湖疏水工事は理論と実践が合体した総合工学であることを改めて感じました。建設技術者の公共事業に係わる範囲は広く、その社会的責任は大きい。田邉朔朗の書いた事業化適性調査の方法は、現在のプロジェクトにも十分に活用できるものだと感じました"

職業が全く異なる父と叔父が、同じ方向から田邉朔朗の論文を見つめている。周平には不思議に思えた。父や叔父の言うように、周平は大学に行って総合工学といった考えを持った建設技術者になってみたいと思った。

■4.4　琵琶湖疏水における歴史的考察

　周平は、琵琶湖疏水についていろいろ調べるにつれ、大学でプロジェクトマネジメントについて学んでみたいと感じた。周平の通う工業高校は2学期に開催される文化祭の準備に入ったが、周平は大学の学園祭とはどのようなものなのか見てみたくなった。たまたま近くにある工科大学の学園祭を見に行く機会があり、周平は大学キャンパスに向かった。キャンパスにはいろいろな屋台が出て賑わっていた。周平がふと焼鳥屋台の隣に並んでいた大学の掲示板に目を向けると、過ぎ去った夏休みに行われたサマースクールのお知らせ"琵琶湖疏水における歴史的考察"というポスターが残っているのに気がついた。そこには講義の概要が書かれていたが、高校生の周平にとって見たことも聞いたことも無い専門用語が使われていた。

　講義の概要を読んでみると、専門技術者が特別講師として、現在まで残っている京都府に関連する統計資料や一般書店で売られている琵琶湖疏水に関するエッセイなどをもとに、自分の建設プロジェクトの経験と理論を合わせて、琵琶湖疏水プロジェクトの歴史を検証する内容となっ

ていた。

　周平は、学園祭の焼鳥屋の屋台に座り、おいしそうな焼鳥を注文しながら、焼鳥を焼いている鉢巻姿の元気のいい女性に聞いてみた。"あの、すみません、隣の掲示板に貼ってあるサマースクールの講義について何か知ってますか"すると、鉢巻姿の女性は"ああ、このポスターの講義なら、私も夏休みに聞いたわ。大学は、夏休みを利用して、私達大学生だけじゃあなく、一般の人も参加できる公開講座ってのを、時々やるの。講師は実業界から派遣されてくる人もいたりして、普段とは違った授業で面白いのよ。私は建設工学科の池田祥子っていうの。よろしくね"周平は顔をちょっと赤らめながら、鉢巻姿の祥子さんの説明に聞き入っていた。祥子さんは続けて言った。"ポスターの講義は、前半と後半に分かれていて、前半は、過去の琵琶湖疏水工事について、たしか産業連関分析とかいった経済分析を説明していたわ。琵琶湖疏水の主な施設だったインクライン（舟運路）や水力発電化の経済効果を分析する内容だったわ。理論は少し難しかったけど、面白い内容だったわ"周平は焼

> # 1999年　建設マネジメントサマースクール
>
> テーマ　　琵琶湖疏水における歴史的考察
> 概要　　　明治時代に完成した琵琶湖疏水プロジェクトがどのようにして計画され、実施されたのかを現代のプロジェクト解析手法を用いて考察する。現存する京都府の統計資料を基に、琵琶湖疏水が完成した時代の経済を歴史に遡って予測し、琵琶湖疏水の施設として建設されたインクライン（舟運路）と水力発電施設による京都府地域への経済波及効果を解析する。さらに、経済分析結果をプロジェクトの財務分析や工事工程管理とどのようにリンクさせていくかを論じる。最後に、琵琶湖疏水プロジェクトと現代の公共事業のマネジメントにおける違いを議論し、今後の我が国の公共プロジェクトに関するマネジメントのあり方へと展開する。
> キーワード　産業連関分析、RASプロセス、財務分析、工程表
> 講義内容　1．京都の歴史
> 　　　　　2．琵琶湖疏水プロジェクトの概要
> 　　　　　3．琵琶湖疏水完成時の経済予測（産業連関分析、RASプロセス）
> 　　　　　4．インクラインと水力発電施設による経済効果
> 　　　　　5．工事計画（工事工程表）
> 　　　　　6．財務分析
> 　　　　　7．経済分析、工事工程管理、財務分析の相互関連
> 　　　　　8．琵琶湖疏水プロジェクトと現代の公共事業のマネジメントについて

きあがった焼鳥の皿を受け取りながら、祥子さんの言葉に聞き入った。"京都の産業構造を示す産業連関表が昭和中期のものしかないらしくて、このデータから琵琶湖疏水が造られた明治時代の産業構造をRASプロセスという経済分析手法を使って歴史に遡って推定するらしいのよ。この部分がまるでタイムマシンに乗っているような気がして、超難しかっ

第4章 歴史的な社会資本整備プロジェクトを考える

たけどとっても面白かったな"と祥子さんはさらに続けた。"講義の後半では、琵琶湖疏水の工事の仕方、財務分析、経済分析、工程管理、財務管理がどのように関連していたのかの説明があったわ。最後にまとめとして、今の公共事業と琵琶湖疏水プロジェクトがどう違っているのかについての説明があったっけ。何だか、今の超システム化された公共事業の進め方よりも、琵琶湖疏水の方が、皆が知恵を絞ってプロジェクトが行われたような感じがしたなあ"と祥子さんは説明してくれた。周平は焼鳥を食べながら"大学って、ものすごく難しいことをやるんですね。僕も授業を聞けばわかるのかな"と独り言のようにつぶやいた。すると祥子さんは、"早く大学生になって、ポスターのような講義を受けなさい。建設工学ってとっても面白いんだから。君はまだ高校生、焼鳥は食べてもいいけど、ビールはだめよ"と言って、コップに水を注ぎ、周平に差し出した。

　周平は、祥子さんの説明に強く惹かれた。田邉朔郎の卒業論文が書かれた時代には、公共プロジェクトの経済効果等を解析する手法がなかったが、このサマースクールで説明されたような分析手法を使えば、プロ

ジェクト全体像に迫ることができる予感がした。周平は、"よし、進学して基礎知識を身に付け、プロジェクトマネジメントを実行できる力をつけてやる！"と思いながら、学園祭を後にした。

> **調べてみよう！**
>
> ・産業連関表
> 特定地域の産業活動にともなう財の投入と産出を表にして集計したもの。特定産業の需要創出などの影響等を分析することができる。インフラ整備による経済波及効果等の解析にも用いられる。
> http://www.stat.go.jp/data/io/
> ・RAS（ラス）プロセス
> 産業連関表を使った高度な経済分析手法。解析しようとする地域のデータが存在しない場合等に用いられる。経済学部のある大学や大学院で学ぶことができるが、欧米の大学では、工学部の学生も多く学んでいる。
> ・工事工程表
> コンストラクションマネジメントに関する教科書や参考書に必ず説明がある。
> ・財務分析
> たくさんの参考書がある。

参考文献

1) 中村慎一朗：Excelによる産業連関分析、エコノミスト社．
2) Cambridge University, Department of Applied Economics, Input-Output Relationships, 1954-1966. Vol. 3, A Program for Growth, London: Chapman and Hall, 1963.
3) 池田將明：建設事業とプロジェクトマネジメント、森北出版．
4) 和井内清：最新図解・イラストでみる財務分析ABC、銀行研修社．

第5章
建設産業の実態と役割

　2学期、周平が楽しみにしていた授業がある。建設産業の概要に始まり建設の直面する問題を講義してくれる建設マネジメントの授業だ。先輩から"山川先生の建設マネジメントの授業はおもしろいよ"と聞かされていた。

　山川先生の授業のやり方は他の先生の授業と違っている。先生は周平たちの高校に来る前、建設会社に勤めていたらしい。時々、現場の職人のような乱暴なことばを使う。だが、話がおもしろい。白板に向かって字を書くことはほとんどない。

　"プロフェッショナルはお客に背中を向けない。だから白板を使わない。本当は、パソコンを使うようになって便利になったが、漢字がなか

なか思い出せないから"と先生はとぼけて言う。どうも、漢字が思い出せないのが理由らしい。白板を使わない代わり、プロジェクターを使ってプレゼンテーションソフトで作ったスライドをどんどんスクリーンに投影しながら授業をする。

"さて、諸君に問題を出します。建設産業とは何をする産業でしょうか。汚職と談合をする産業です。これは冗談！そんなことを言ったら真面目に働いている建設業の人達に怒られます。建設産業は、人々の生活を支える社会基盤の整備を行います"山川先生の授業はこんな言葉で始まった。

"もし、道路や鉄道が壊されて行きたいところに行けない、橋が壊されて渡れない、水道が出ない、ガスや電気がこないとどうなるか。君達考えたことはあるかな。想像できないかもしれないが、人々は生活ができなくなってしまいます。今でも、世界にはこういう国々がたくさんある。そう、常に生活に欠かせないものを供給するための設備が社会基盤であり、これらを造り上げる実働部隊が建設業なのです"

"社会基盤（インフラストラクチャー；infrastructure）とは、"の説明として、以下のことがスクリーンに映し出されていた。

インフラストラクチャー　[infrastructure]
　生産や生活の基盤を形成する構造物。ダム・道路・港湾・発電所・通信施設などの産業基盤、および学校・病院・公園などの社会福祉・環境施設がこれに該当する。（大辞林；三省堂より）

周平は昔、健太郎叔父が話していた言葉を思い出し、授業に引き込まれていった。

山川先生が"では、日本の建設産業について、どのような状況にあるのか分析してみよう"

以下、周平がノートに記した、山川先生の授業内容である。これは、山川先生の講義ノートに周平が大学生になって少し書き加えたものであ

る。

5.1 日本の建設産業の実態

5.1.1 建設投資の変遷

　図5.1は日本の建設投資額の変遷を示している。1945年の太平洋戦争が終結し、1950年代は戦争で壊滅的となった電気、水道、鉄道、道路、住宅といった、国民が生きてゆくために必要な社会基盤の復興が急ピッチで行なわれた。日本の建設投資は、図に示すように、1960年代に入ると急速に増加し、1973年の秋に発生した第一次オイルショックで減少はするものの、1979年初めの第二次オイルショックまで増加し続けた。1980年代の前半には"建設冬の時代"と呼ばれた低迷期があったが、1980年代の中頃から、いわゆる"バブル経済"にのって再び増加した。1992年の約84.0兆円をピークにその後減少を続けている。2002年の建設投資額は約57.1兆円で、建設投資のピークであった84.0兆円と比べると

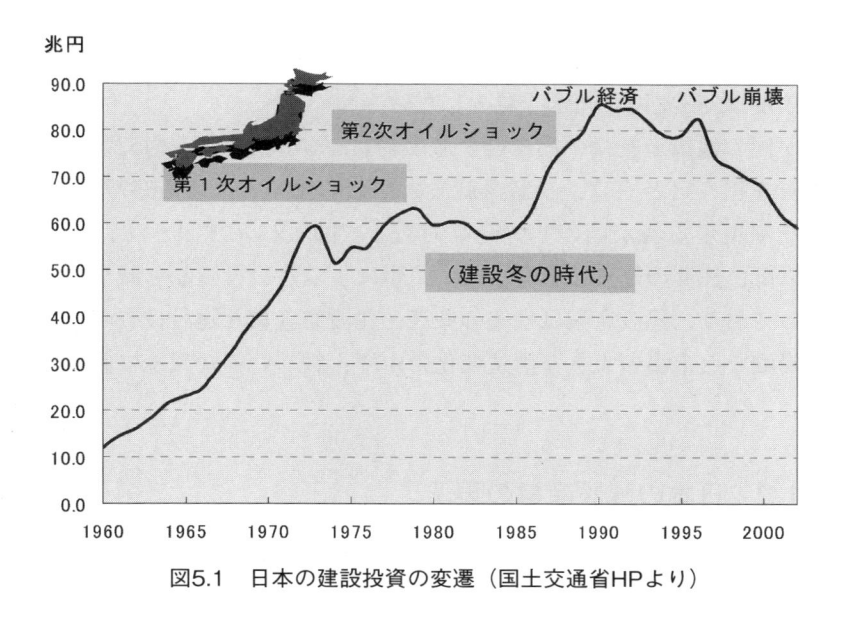

図5.1　日本の建設投資の変遷（国土交通省HPより）

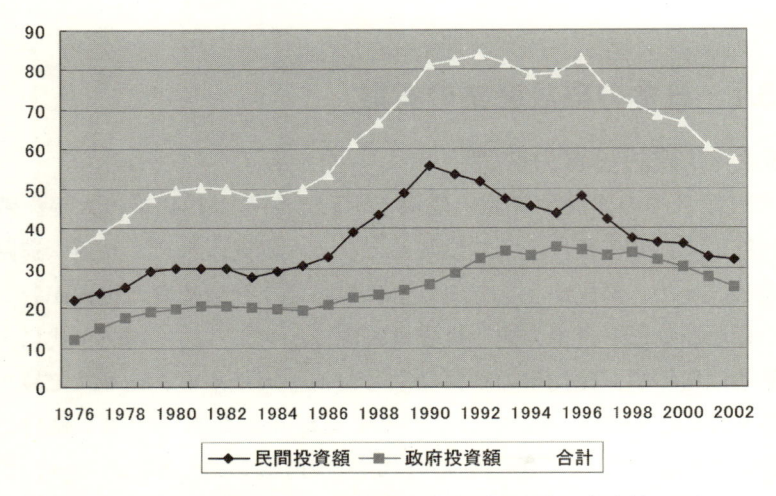

図5.2　建設産業における投資額の変化（国土交通白書等より）

32％減少している。これらのうち政府投資は、景気対策による事業費追加もあって、2000年度には30.4兆円と1992年度頃から横ばいないし微減にとどまっていたが、構造改革が進められる中で、2001年度は27.6兆円、2002年度は25.1兆円と大きく減少した。

　我が国の建設産業は、国内総生産の約11.5％に相当する約57兆円の建設投資を担うとともに、全産業就業人口の約10％を占める657万人の就業者を雇用する我が国の基幹産業である。図5.2に示すように、バブル崩壊以降、民間の建設投資も、公共工事による建設投資額も減少の一途を辿っており、建設産業は投資の低迷、建設業者数と建設投資のバランスの崩壊など市場の大きな構造変化の中で、厳しい経営環境に直面している。

5.1.2　日本の建設産業の現況

　建設業者として登録されている企業は、全国に約571,000社（2002年）ある。571,000社を資本金の大きさ別に分類してみると、表5.1及び図5.3

第5章　建設産業の実態と役割

表5.1　建設業者の規模と企業数（国土交通白書等より）

資本金	業者比率	企業数
10億円以上	0.3%	約1,600社
1億円以上10億円未満	0.8%	約4,700社
5,000万円以上1億円未満	2.9%	約16,000社
1,000万円以上5,000万円未満	38.4%	約22万社
500万円以上1,000万円未満	10.5%	約6万社
200万円以上500万円未満	21.6%	約12万社
200万円未満	26.5%	約15万社

に示すようになる。

　資本金が10億円以上の企業は約0.3％、1億円以上10億円未満の企業数は約0.8％であり、合計1.0％程度である。事業規模は全体の90％が従業員20名未満の小規模企業となっている。建設業就業者数は約657万人であり、日本の全産業労働者の約10％を占めている。建設業就業者の

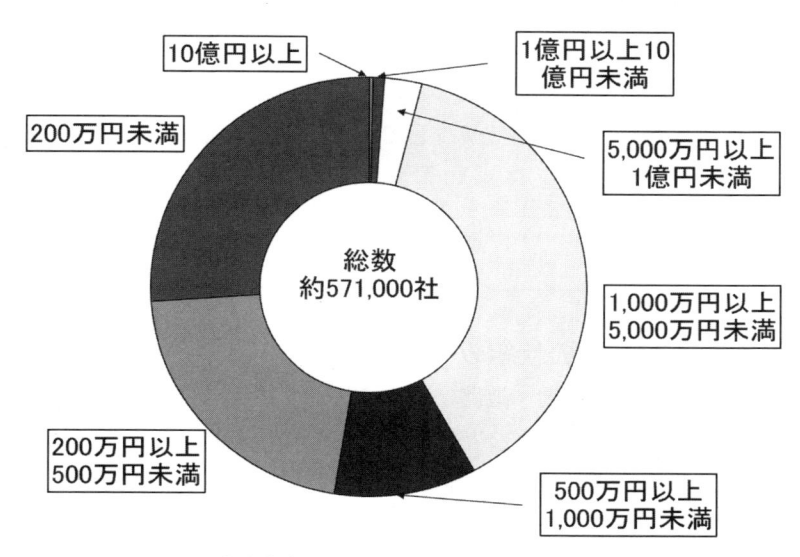

図5.3　建設業者の資本別分類（国土交通白書等より）

68％は建設現場に従事する者とされている。だが、建設業許可取得業者の中にはデパートや商社等も含まれる。建設事業を専業とする者を対象として考えると建設現場に従事する者の比率は80％程度となると考えられる。

　建設産業における労働者の高齢化は年を追うごとに深刻化し、全産業就業者平均の38.5才に比較し建設産業は平均44.3才となっている。

　1960年代半ばから70年代にかけて、若者にとって建設産業は最も魅力ある仕事の一つであった。他産業に比べ実質収入も高かったが、勤務条件はそれ以上に厳しかった。しかし多くの若者が建設産業への道を選んだ。それは、建設事業の持つ社会的意義、産業発展の基盤造り、個々人のレベルを越えた雄大な創造性といった点に魅力を感じたからであった。発展途上国はもちろん、多様な価値観を有する欧米先進諸国においても、建設技術者（Civil engineer）の社会的評価や、建設事業そのものに対する期待感は極めて高い。

　これまで、建設産業は、雇用の受け皿として機能してきた。だが、社会基盤整備が進むにつれ、建設関連の投資額は減少してゆくことになる。地方の公共事業は、地方交付税など国から地方自治体に配分されるお金で賄われてきたが、その額は減少してゆくことになる。

調べてみよう！

地方交付税制度

5.1.3　建設産業の仕組み

　特に我が国の場合、橋・道路・ダムなどの公共事業を中心とした"土木系"の企業と、ビル・住宅など民間（個人）の事業中心とする"建築系"に分かれ、同じ構造物の建設でも考え方には違いがある。建設産業とは、工事請負をする企業、そして測量や地質調査する企業や設計事務所や建設コンサルタント企業（建設関連業という）から成り立っている。それ

1．官　　　庁		国土交通省（地方整備局・工事事務所）
		都道府県庁（土木事務所・耕地事務所）
		市町村（建設課・土木課・都市計画課・上下水道局）
2．公　　　団		日本道路公団、首都高速道路公団、阪神高速道路公団、
		本州四国連絡橋公団　等
3．独立行政法人		国際協力機構、水資源機構、都市再生機構　等
4．公 益 企 業		電力会社・ガス会社・鉄道会社・電話会社
5．建　　設　　業		超大手建設企業、大手建設企業、中建設企業、小建設企業
6．建 設 関 連 業		建設コンサルタント業（調査・設計）、地質調査業、測量調査業

図5.4　日本の建設産業構造[2]

ぞれの企業には建設系の専門学科を卒業した技術者が勤務している。図5.4のように、公共事業を発注する官庁も建設産業に含むという考え方もある。

5.1.4　建設会社のランク

　都道府県庁では、管轄する建設業者を年度ごとに前年度の実績を点数化してA、B、C、Dとランク分けをし、公表している。公表されたランクによって、各企業の受注できる工事規模が決められることになる。つまり、A、B、C、Dのランク順で規模の大きな工事に参加する資格を得るということである。

調べてみよう！

建設業者のランク付け
例えば、高知県平成16年度建設業者格付認定基準
　　　　http://www.pref.kochi.jp/~k_kanri/index.html

5.1.5　建設企業の抱える問題

　小さな建設業者の大半は、もともと個人事業者であった。昭和50年代の後半、これら個人建設業者に対して国や地方自治体は、会社組織化を

奨励し、そのため会社として手続きの簡単な有限会社がぞくぞく設立された。最近は、逆に建設産業の仕事が少なくなったため、国や地方自治体は、建設企業の統合や合併を勧めるようになってきている。

　公共事業は、年々少なくなりつつある。しかし、仕事が少なくなっても建設業者の数は、それほど少なくなっていない。地方の小建設企業の多くは農業や不動産業、ホテル観光業など副業も営んでいる。

　ほとんどの公共工事は1年度単位で事業化されている。このため、会計年度（4月に始まり翌年の3月に終わる）の国の予算のほとんどが単年度予算のため、その予算を使い切るため、年度末は忙しくなる。しかし、年度が終わり、次年度の予算が使えるようになる5月から6月にかけて、公共事業は一時仕事が少なくなる。このため小建設企業の多くが仕事の減少する時期を農業等の副業で会社経営を維持している。

　日本は太平洋戦争によって、住宅、道路、鉄道、水道、電気施設等、ほとんどの社会基盤施設が破壊された。1945年の戦争終結後、その復興に建設産業が活躍した。戦争復興は1950年の中頃まで続き、その後、産業復興に必要な社会基盤施設がどんどん建設されていった。ここにも建設産業の活躍があった。世界の先進国である現在の日本はこのようにして造られていった。

　日本の建設産業はこれまでに、新幹線、黒部ダム、青函トンネル、瀬戸大橋、関西新空港など多くの巨大プロジェクトを完成させた。数多くのプロジェクトを完成させた現在の日本の建設技術は世界でも最高水準にある。しかし、今後行うべき巨大プロジェクトは多くない。そのほとんどが財政面から見て、実現が難しいものばかりである。

　構造物には寿命があり、造り替えの時期は必ずやってくる。日本の建設産業は、すでに成熟期にあり、これから、国内で行われる建設産業は構造物の点検、補修や環境保全が中心となる。

　日本の建設産業の活躍の場として、海外の建設プロジェクトがある。発展途上国は、日本の高度経済成長時代に似て、まだまだ多くの社会基

表5.2　建設技術者の主な資格

資格名	概要
技術士・技術士補	技術士は、技術士補（一次試験合格）取得実務経験後国家試験
測量士・測量士補	測量士補は、大学高専卒業と同時（又は、国家試験）、測量士は、測量士補取得後実務経験の後申請。または国家試験
土木施工管理技士（1、2級）	建設系学科を卒業後実務経験後、国家試験受験
建築士（1、2級）	建設系学科卒業後（実務経験）国家試験受験

表5.3　土木学会で認定する技術者資格（http://www.jsce.or.jp/opcet/）

資格名	概要
特別上級技術者	専門分野における国内でトップレベルの能力に加え、豊富な実務経験と見識を有する、いわば各資格分野で日本を代表する土木技術者
上級技術者	複数の専門分野での高度な知識と経験を基に、重要なプロジェクトの責任者として事業を遂行することのできる土木技術者
1級技術者	2級技術者資格取得後に一定の実務経験を経て、責任を持って業務を遂行する能力を有する土木技術者
2級技術者	土木技術に関して一定の基礎的知見を有する土木技術者。大学学部卒業後1年又は大学院修士課程2年進級時に資格取得されることを想定。

盤施設の建設が必要とされている。海外の建設プロジェクトは、これまで培ってきた日本の建設技術を生かせる場であると言ってよい。しかし、国際的なプロジェクトに参入する場合、これまで日本国内で行ってきたやり方は通用しない。日本の資格では、表5.2に示すような技術士や一級建築士などの国家資格、あるいは表5.3に示す土木学会で認定する資格があり、これを取得することによって、一流の技術者であることが認定されている。さらに、海外の事業では、国際的な資格であるAPECエンジニア等の国際的な技術者資格も必要だし、外国人と対等に交渉するためには、英語を初めとする語学力も要求される。

> **調べてみよう！**
>
> APEC（Asia-Pacific Economic Cooperation：アジア太平洋経済協力）、
> APECエンジニア
> 外務省ホームページ　http://www.meti.go.jp/policy/trade_policy/apec/
> 日本技術士会ホームページ　http://www.engineer.or.jp/apec/

■5.2　地方建設産業の実態

"風が吹けば桶屋が儲（もう）かると言う言葉を君たちは知っているかい"と山川先生が突然言った。周平は、先生が何を言っているのかよく分からなかった。山川先生が説明を始めた。

"江戸時代からある、諺（ことわざ）。風が吹くと、ゴミが舞い上がる。ゴミが舞い上がると、目の不自由な人が増える。目の不自由な人の職業は、三味線引き。三味線が必要になると、材料の猫の皮が必要になり、猫が減ると、ねずみが増える。ねずみが桶をかじる。桶が壊れて桶屋が儲かる。俗説によると風は台風のことをさし、台風でたくさんの死人が出るので棺桶の需要が高まり桶屋が儲かるのだと言うのもある"

風が吹けば桶屋が儲かるというのは、めぐりめぐって、結論が出てくるという話で、公共事業による景気対策もこれによく似ていると山川先生は言いたかったようだ。

本来、公共事業は、国民が必要としている社会基盤を造るために行われるものだが、景気の回復策として行われてきたことも事実だ。経済状況が悪化し、仕事を失った国民が、公共事業の増加策で建設工事に従事することになる。現金収入を得た人々は物品を買うようになる。また、建設工事に必要な資材、機材が調達されることになって物資の売り買いが増加してゆく。こういった現象の重なりで、景気の回復が促進されることになる。つまり、公共事業の増加によって、社会経済全体が活性化することになる。だが、最近、社会状況の変化により、この法則が働か

なくなってきている。

　山川先生は、なぜ建設業者が57万社もあるのかを説明するために、授業の中で、ある地方の地元建設会社誕生の物語を話した。

　龍太の祖父は5人兄弟の末っ子で、一番上の兄とは親子ほど年が離れていた。物心ついたころ両親はすでに年寄りであった。祖父が結婚した当時、定職がなく、市役所が行っている失業対策で建設事業の作業員となった。耕す土地がない者には、建設工事の仕事があった。左官やとび職等は熟練の技術が必要だが、建設作業員となるには大した技術はいらない。第二次世界大戦後、日本国内は高度経済成長下にあり、全国各地で建設工事を中心とした公共事業が人々の生活を支えていたのである。こういった経緯で、龍太の祖父は建設業を始めた。建設業といっても、建設作業員が数人集まった程度のものであった。最初は、たいした建設機械も持たずに細々とやっていた。祖父は思い切ってブルドーザを1台買った。ブルドーザは作業員何人分もの仕事をこなした。事業は順調に伸びてゆき、祖父は建設機械の数を増やしていった。おかげで、龍太の父も叔父の拓郎も高等学校へ進学することができた。

　家業が建設工事会社ということで、龍太の父も叔父の拓郎も建設科に進学した。父は建設科のある大学へ進学し、叔父は工業高校建設科を卒業後、測量の専門学校を経て測量会社に就職をした。龍太の父が大学院修士課程を修了して、大学助手に勤めが決まった時、祖父は、自分の会社後継者として叔父の拓郎を選んだ。叔父が会社を運営するようになり、祖父の会社は有限会社として何台かの建設機械を所有し、いろいろな建設工事をするようになっていた。事務所は現在インターネットも接続し、電子入札・電子納品などIT化（IT：Information Technology）に対応するための準備を進めている。

　地方の建設企業の多くはこうした経緯で生まれ、いわゆる地場産業としてその地にしっかりと根を生やしている。しかし、建設産業の現状はますます厳しくなっている。若者が経営者として新しい形態の建設企業

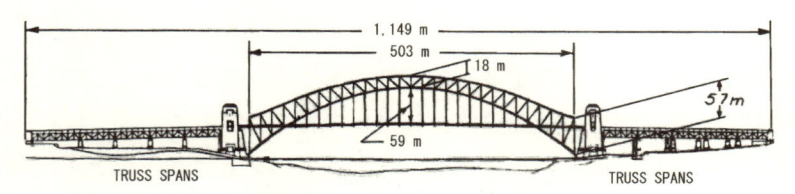

図5.5 シドニーハーバーブリッジ一般図
Roads and Traffic Authority, The Story of the Sydney Harbor Bridge, Feb. 1989 P12

写真5.1 建設中のシドニーハーバーブリッジ

写真5.2 現在のシドニーハーバーブリッジ
（山崎利文 撮影 2000年）

写真5.3 ハーバーブリッジに仕掛けられた花火
（山崎利文　撮影　2000年）

を生み出してゆくことが望まれている。

　龍太は、小学校5年の時、父の海外留学に同行してオーストラリアのシドニーで10ヶ月間過ごした。シドニー・ハーバーに鉄の橋が架かっている。お祭りやお正月に花火をしかけ、人々を楽しませる。龍太は、橋を歩いて渡たり、パイロン（塔）にも登った。ハーバーブリッジが造られてすでに70年が過ぎていた。現代のような技術力がなかった時代に、全長503m、幅員49m（世界最大幅員の橋）というアーチ型をした橋を架けた当時の人々の熱意と先見性、技術力のすごさに驚かされた。龍太は、まだ中学生だが、建設技術者になって、祖父のつくった会社の三代目になろうかと考え出している。

参考文献

1）池田將明：建設事業とプロジェクトマネジメント、森北出版社
2）㈳日本建設業団体連合会：建設業ハンドブック2002
3）香坂文夫：土木早わかり、オーム社

第6章　環境とマネジメント技術

■6.1　なぜ建設産業は嫌われるのか

　平成7年の阪神淡路大震災の時、中学1年であった周平も工業高校を卒業して、今建設技術者を目指して大学に入学した。大学に入って、周平の心を躍らせることが二つあった。

　一つは、大学における専門課程の授業にあった。構造力学、水理学、土質力学等の講義は工業高校で既に基礎を学んでおり、最初のうちは先生の説明を聞くまでも無く、先生が次にどのような式を書くか簡単に想像がついた。特に土質等の実験においては、普通科の高等学校を卒業してきた同級生がほとんどなので、実験経験のある周平に実験のチームリーダーを依頼されることが多く、皆から頼りにされていた。実際周平は内心誇らしげに感じていた。

　二つ目は、大学の教養課程で学ぶ社会学や語学の授業に期待していた。周平は少し数学が苦手であったせいか、工業高校の山川先生が教えていた建設マネジメントの科目での"日本の建設産業"の授業が鮮明に頭に残っており、大学ではもう少し日本の社会学、近代史等を勉強したいと思っていたからだ。また周平は、父親が商社に勤めていることや高校時代にカンボジアに行った経験から、日本語以外の語学を不自由なく話せる将来の自分の姿を思い描いていた。一般教養科目では、高等学校普通科卒業の同級生の方が周平より様々なことを知っているように感じていた。

　そういったこともあり、同じ寮で生活する高等学校普通科出身の吉澤和明とは、日頃からお互いの解らないことを補うあう形で気さくに話すようになり、"周平""和明"と呼び合える仲となった。周平が和明と親

第6章 環境とマネジメント技術

しくなったのにはもう一つ理由があった。それは、建設工学を選んだ背景が周平とはまったく違っており、和明とは違う視点で話し合えることだった。周平は、中学時代の阪神淡路大震災が引き金となって、カンボジア旅行等の様々な経験を経て、当然のように建設工学への道を目指してきた。一方、和明は自分が見た古い美しい橋に魅かれて、"自分もそのような橋を造りたい"と思って直感的に建設工学を選んだのだった。

和明が建設工学を選んだ動機を詳しく言うと以下のようである。福島県出身で体も大きいせいか大きなものが好きな和明は、鉄橋の上を電車が走る姿を見るのが大好きな鉄道マニアでもあった。小学生の時に川遊びに連れて行ってもらった時の景色に調和した鉄橋を未だに鮮明に覚えていた。高校生の時、新聞に土木学会が近代土木遺産の調査をしている記事があり、そのなかで記憶にある鉄橋が一ノ戸川鉄橋といい、磐越西線第一の長大橋梁（長さ445m）で明治41年に造られたことを知り、約１世紀の歴史を経て今も現役であることに感銘を受けたのだった。和明は数学、物理が得意なこともあって、未来に自分が造った素晴らしい橋を残すことを思い描いて、その日から建設工学を選んだのだった。和明は高校３年の夏までは橋梁のようなデザイン的なものはすべて建築デザ

写真6.1　一ノ戸川鉄橋（福島県山都町HPより）

イナーの仕事と思い違いをして、父親に教えられてあわてて建設（土木）工学志望に変えたというエピソードの持ち主だ。

　周平と和明が大学1年を終えようとする時に周平の心を悩ますことが起こった。平成13年2月に、長野県において"脱ダム宣言"が県の姿勢として示され、テレビ、新聞を賑わすようになった。また、"公共事業に対する地元住民の反対"、"イヌワシ、クマタカ生息による道路事業やダム事業の見直し"がテレビ、新聞で報道されて、建設産業に対する批判にも聞こえ、周平は少し考え込んでしまった。どの記事にも"環境"という単語が含まれていることが気にかかった。

　建設技術者になるきっかけになった阪神淡路大震災の復旧は、大都市市街地であるのに市民から受け入れられている。琵琶湖疏水、布引ダムは既に古くに開発されて、今では地域の環境に溶け込んでおり、その素晴らしさは、地域に受け入れられているではないか。今、建設事業が市民に受け入れられないのはどうしてなのだろうという疑問が湧き上がってきた。阪神大震災復旧、琵琶湖疏水、布引ダムは、都市部の開発された地域だから問題ないのか、カンボジアなど未開発地域であればどうなのか、知りたいことがどんどん膨れ上がってゆく。

　最近、周平は、自分の勉強しようとしている建設工学がなぜ新聞やテレビで悪者のように扱われているのかを考えることが多かった。それで、和明と話してみることにした。

"和明、建設産業って新聞とかテレビで叩かれているけど、何で悪者のように言われるのかな。建設産業って、今の社会では悪い仕事になってしまったのかな"
"俺は、その地域の景色に調和した橋とかを見ていて、景観とかを勉強したくて建設工学を選んだけど。美しい橋を造っているのに、悪い仕事とは思えない。俺の親父、福島県P市役所の建設課に勤めている

脱 ダ ム 宣 言

　数百億円を投じて建設されるコンクリートのダムは、看過（かんか）し得ぬ負荷を地球環境へと与えてしまう。更には何れ（いずれ）造り替えねばならず、その間に夥（おびただ）しい分量の堆砂（たいさ）を、此又（これまた）数十億円を用いて処理する事態も生じる。

　利水・治水等複数の効用を齎す（もたらす）とされる多目的ダム建設事業は、その主体が地元自治体であろうとも、半額を国が負担する。残り50%は県費。95%に関しては起債即ち借金が認められ、その償還時にも交付税措置で66%は国が面倒を見てくれる。詰（つ）まり、ダム建設費用全体の約80%が国庫負担。然（さ）れど、国からの手厚い金銭的補助が保証されているから、との安易な理由でダム建設を選択すべきではない。

　縦（よ）しんば、河川改修費用がダム建設より多額になろうとも、100年、200年先の我々の子孫に残す資産としての河川・湖沼の価値を重視したい。長期的な視点に立てば、日本の背骨に位置し、数多（あまた）の水源を擁する長野県に於いては出来得る限り、コンクリートのダムを造るべきではない。

　就任以来、幾つかのダム計画の詳細を詳（つまび）らかに知る中で、斯（か）くなる考えを抱くに至った。これは田中県政の基本理念である。"長野モデル"として確立し、全国に発信したい。

　以上を前提に、下諏訪ダムに関しては、未だ着工段階になく、治水、利水共に、ダムに拠（よ）らなくても対応は可能であると考える。故に現行の下諏訪ダム計画を中止し、治水は堤防の嵩（かさ）上げや川底の浚渫（しゅんせつ）を組み合わせて対応する。利水の点は、県が岡谷市と協力し、河川や地下水に新たな水源が求められるかどうか、更には需給計画や水利権の見直しを含めてあらゆる可能性を調査したい。

　県として用地買収を行うとしていた地権者に対しては、最大限の配慮をする必要があり、県独自に予定通り買収し、保全する方向で進めたい。今後は県議会を始めとして、地元自治体、住民に可及的（かきゅうてき）速やかに直接、今回の方針を伝える。治水の在り方に関する、全国的規模での広汎なる論議を望む。

平成13年2月20日
長野県知事　　田　中　康　夫

んだけど、建設の仕事が悪者にされ始めていて、かなり大変みたいなんだ。親父達はどう思っているのかなあ……。聞いてみたい気がするよ。そうだ、春休みに周平、俺の田舎に一緒に行かないか"
"今度の春休みは、どこにも行く計画はないけど。和明の田舎って、どんなところかな。行ってみたい"
"東京とは違ったいいところがいっぱいあるよ。周平来いよ"
数週間後、周平は和明と共に福島県に行くことにした。

■6.2 建設プロジェクトの特徴

春休みに、和明は周平と一緒に故郷の福島県P市へ戻った。周平は、思い悩んでいることを、和明の父である学に話した。学は"まず環境のことから、話すか"と言って書棚から辞書を取り出し、"環境"という言葉の意味を調べ、周平達に見せた。

辞書には以下のように書かれていた。

環　境[1]
①周囲の境界。まわり。②取り囲んでいる周りの世界。人間や生物の周囲にあって、意識や行動の面でそれらと何らかの相互作用を及ぼし合うもの。また、その外界の状態。自然環境の他に社会的、文化的な環境もある。

"人間または生物をとりまき、それと相互作用を及ぼし合うものとして見た外界にあるように、環境というのは、人間が関わるその周りのものを総称して言うことが多いんだ。つまり、それに関わる人々の意識や認識によって価値観も変わることがあるんだよ"と学が話し出した。
"お父さん、わかりやすく言ってくれよ"と和明が言った。
"難しいかな。建設プロジェクトが扱うものには、国民が安全にしかも快適に暮らしやすくするための施設が多いわけだ。これをインフラストラクチャーというのだけど、国民・市民がその施設をどのように

受け止めるかが大事なんだ。つまり、国民・市民が本当に欲しいものなのかどうかだよ。まずインフラストラクチャーの特徴を整理してみようか"

"高校の時に山川先生の建設マネジメントの授業で少し習いました。第二次世界大戦後の荒れ果てた日本の復興のために、急いで社会資本を整備したと言っていました"と周平は照れくさそうに言った。

学は"和明も普通高校の社会とか歴史で習っているだろ。おまえは学校の授業をすぐ忘れてしまうタイプなのかな？まず、社会資本の特徴を高校での授業の内容、周平君が行ったカンボジアでの経験から思い出してみなさい"とインフラストラクチャーの特徴について、2人に考えさせた。

考えてみよう！

考える対象をダムとしましょう。
① 建築の建物とダムでは、どう違うのでしょうか。使う人（恩恵を受ける人）、造る目的から考えてみませんか？
　 Keyword：個人と国民、税金
② ダムの形はどれ一つとして、同じ形をしていません。なぜですか？
　 Keyword：社会および自然条件、大量生産と単品生産

インフラストラクチャーは、

① 国民の税金を資金に造られていること
② 事業目的として、地域住民のニーズが絡みあっていること。例えば、ダムで言えば洪水対策（治水）、飲料水（利水）、エネルギー（発電）
③ 社会および自然条件によって建設構造物の設計は左右され、単品特注生産品であること
④ 大規模な事業で、それにかかる費用が大きく、工事期間が長いこと

といった特徴を有していることはわかった。

周平は、"でも、自分達の支払う税金で公共施設を造っているのだから、良い物を期待してしまうよね"と言った。

和明が"単品特注生産だとカタログ見て、これだとかあれだとかといったように比較はできないなぁ。個人が家を買うのは自分が住むというのが目的だけど、公共事業の目的にはいろんなことが含まれていて、わかりにくく曖昧に見えるような気がする"と納得いかない顔をしながら言った。

学は話を続けた。"単品特注生産品だと造る物の基準は個別的なものになる。また、建設段階では、大雨や台風の影響を受けたり、地質が想定していた通りでなかったりして苦労するのも、建設プロジェクトの特徴だ。そこに技術者のやりがいもあれば、苦労した分完成した時の喜びも大きくなる"学は更に話を続けた。"公共事業は、国民、市民のために当然良かれと思って行っている。しかし、国民一人一人の考えも違えば受け取り方は異なり、公共事業が理解されにくくなる"

"でも公共事業は国民の理解なくしてはできないのでは"と周平が言った。

"周平君の言うように、納税者である国民に理解されやすいものでなければならない。だが、私が最初に言ったように、人間の関わる周辺状況に対する価値観によっては、理解されやすかったり、されにくかったりする。建設産業が担っている公共事業を明治以降の歴史と重ね合わせ、政策とも関連して整理するといいかもしれないなぁ。なぜ今、環境というキーワードのもと、建設事業があれこれ言われるのか、ヒントが浮かぶかもな"と学は言った。

そして学は、布引ダムを例に建設プロジェクトと社会の流れについて話し始めた。周平と和明は学が話す内容を整理しながらメモを取った。

■6.3 建設プロジェクトと社会の流れ

6.3.1 明治の国造り

　明治の時代を考えれば、日本は鎖国から解き放たれて諸外国と交流を始めるとともに、外国に負けないようにすごい勢いで国造りを始めた。"富国強兵"という言葉に代表されるように国を強くするために、鉄道、道路、水道等のインフラストラクチャーの整備も外国技術者の指導を受けながら、国家事業として進められた。環境といったことよりも、諸外国に侵略されまい、負けまいという気持ちが強く、国民も社会資本整備に協力的であり事業も円滑に進んだ。布引ダムは明治27年（1897）着工、明治30年（1900）に完成した日本最初のコンクリートダムだ。わずか4年の建設期間だった。

　布引ダム（布引五本松堰堤）はコンクリートダムとして、高さ33.3m、堤頂長110.3m、堤体体積22千m^3、貯水容量759千m^3で、貯水容量で日本最大の奥只見ダム（只見川水系）の高さ157m、堤頂長4,803m、堤体体積1,636千m^3、貯水容量60,000千m^3に比べればはるかに小さいものだった。

　建設技術者の大先輩として有名な青山士がパナマに渡ったのは、明治37年（1904年）のことだ。

写真6.2　奥只見ダム（福島県）（写真提供：電源開発㈱）

写真6.3　神戸市水道局布引五本松堰堤（布引ダム）（文化庁HPより）

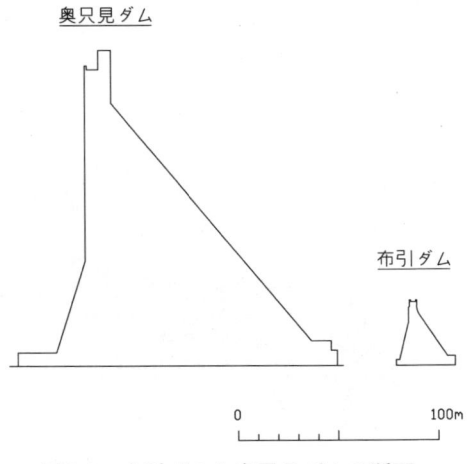

図6.1　布引ダムと奥只見ダムの断面

青山士（あおやま あきら）[1878～1963]

　青山士は恩師・内村鑑三らの薫陶をうけ、広く世のためになる仕事を、と土木の道を邁進し、パナマ運河工事に携わった唯一の日本人技師です。青山は、"技術は人なり"の信念を貫き通した土木技術者です。

　明治36年（1903年）帝国大学土木工学科を卒業、渡米してニューヨークの鉄道会社で測量に従事しました。明治37年（1904年）からパナマ運河の測量・設計に携わり、明治43年（1910年）にパナマから帰国しました。

　世界最先端の土木技術を学んだ青山は、大正元年（1912年）から荒川放水路と岩淵水門の工事責任者に任命されました。工事は試行錯誤の連続でしたが、特に岩淵水門の基礎工事にあたっては青山の力量が発揮されました。同水門の基礎は、川底よりさらに20mの深さに鉄筋コンクリートの枠を6個埋めて、固めてあります。当時"そこまで頑丈にする必要があるか"などと反対する人もありましたが、青山はその必要を説いて回り、周囲を説得したのです。そして工事の途中、関東大震災が起こりましたが、岩淵水門はびくともせず、青山の考えが正しいことが証明されたのです。また青山は、工事の責任者でありながら、つねに現場に出て、作業員の一員として、工事に加わったので、皆に親しみを持たれ尊敬されました。岩淵水門の近くには、記念碑が残されていますが、最大の功労者・青山士の名はどこにもなく、ただ"此ノ工事ノ完成ニアタリ多大ナル犠牲ト労役トヲ払ヒタル我等ノ仲間ヲ記録センカ為ニ"とだけ記されています。

　荒川放水路完成後は、昭和2年（1927年）6月に陥没してしまった大河津分水路の自在堰の補修工事に新潟土木出張所長（現国土交通省北陸地方整備局長）として携わり、分水路の復旧に尽力しました。事故により崩壊した自在堰の復旧に13年の歳月を要したのに対し、昭和6年（1931年）4月に新設された可動堰はわずか5年で完成した。青山は常に"技術は組織ではなく、人である"と語っており、大河津分水堰の早期完成はそのことを実証した。

　昭和9年（1934年）5月、青山は技術官僚の最高ポストである内務省技監に就任する。昭和10年（1935年）、青山は23代土木学会長に就任し、翌年2月に行われた土木学会通常総会において"社会の進歩発展と文化技術"と題する歴史に残る会長講演を行った。青山はCivil Engineeringを"文化

> 技術"と訳し、この文化技術が社会国家のためにどれだけの役目を為し、どの程度に重要であるかを格調高く述べた。大河津分水可動堰の右岸に高さ4m、幅4.4mの竣工記念碑が建てられている。その表と裏には以下のような青山の有名な言葉が刻まれている。
> "萬象ニ天意ヲ覺ル者ハ幸ナリ"、"人類ノ為メ、國ノ為メ"

6.3.2　第二次世界大戦後の歩み

　第二次世界大戦で日本は敗北し、荒廃した国土となっていた。敗戦後の国民は産業振興及び生活向上といった豊かさに強い願望を持ち、社会基盤整備を強く望んでおり、国の体制も昭和23年（1948年）建設省が設置され、官民一体となって使命（mission）の共有化が図られた。国民との合意の下、官が主体となって概ねの公共事業は迅速に実施され、財政上余裕がないことから、佐久間ダム建設での大型機械化施工等の技術導入にも貪欲な時代だった。特にダムは水力発電による電気を生み出し、工業化の基盤を築くものとして建設に拍車がかかった。この過程で築き上げられた構造物の役割は極めて大きく、また完成までの時間も比較的短期であり、時間、品質、費用ともに国民に高い価値として評価を受けた。良いものをより安く、より早くということを求める、というよりは欲していた時代だった。

　1960年代の"所得倍増計画"にあわせて、その半ばに開業した東海道新幹線、全線供用した名神高速道路といった事業はその典型と言える。東海道新幹線は世界に誇れる技術として、国民の誇りに繋がる事業でもあったと言える。

　この何もない時代に、開発優先主義が育まれ、"物を造ることは良いこと"といった風潮を醸し出したのかもしれない。

> 【所得倍増計画】[1)]
> 　昭和35年（1960年）に池田内閣のもとで策定された長期経済計画。昭和36年度からの10年間に実質国民所得を倍増する目標であったが、現実の日本経済はこれ以上の率で成長した。国民所得倍増計画。

　公共事業の推進に拍車がかかり、昭和41年（1966年）に地方の中小企業を優遇する官公需法が制定されるのと相俟って、建設業は地域の基幹産業的役割を担うべく成長した。建設業許可業者数はこの時期を境に急増している（表6.1参照）。

　徐々に財政も豊かになり、国民の生活も中流程度に成長している。引続き"日本列島改造論"を受けて、公共事業が地域への資源として配分されてゆき、事業量も拡大していく。この資源を獲得すべく、公共事業が地方建設産業と密接な関係となったことも事実である。あわせて、環境問題やオイルショック等を通して、生活向上や産業振興よりも『環境保全』といった価値観の変化が国民にも現れ、公共事業に求められるニーズは多様化し事業目的の整合が取りにくい状況になっている。合意形成も成立しにくくなり、事業長期化、事業費増大傾向が著しくなり、社会資本施設の必要性を疑問視する声も上がり始めた。

表6.1　建設業許可業者数の推移

調査年	業者数（×千社）
1956（昭和31年）	66
1966（昭和41年）	108
1971（昭和46年）	193
1976（昭和51年）	397
1986（昭和61年）	517
1996（平成08年）	557
2001（平成13年）	586

参考：国土交通書HP：統計調査

> 【日本列島改造論】[1)]
> 　昭和47年（1972年）の自民党総裁選挙の公約で、田中角栄が発表した、工業の再配置、交通網の整備を骨子とする日本列島の総合的な改造計画。また、同名の著書
> 　田中角栄が首相就任早々に掲げた持論が"日本列島改造論"であった。この日本列島改造論とは、従来からの東京一極集中の政治・経済を見直し、地方と東京を結ぶ高速道路網・新幹線網を全国網羅して地方との経済格差を無くし、経済を活性化させるという考えにある。的を射た計画であったが性急過ぎた。そのため、大企業を中心とした地方での土地買収が全国に広がり、地価の高騰、強制立退き、自然破壊を引き起こした。また、道路や鉄道建設に建設業界が群がり、談合や利権で政界・官界・財界にモラルの欠如をもたらしたこともあった。

　学は、今まで話した時代の流れをメモ（図6.2）に整理しながら言った。"公共事業の仕事は、戦後の日本においては品質、費用、時間の各要素が市民にとって『豊かになりたい』という願望のもと合致していた。そのおかげで目覚しい経済成長を遂げて、建設産業が日本の雇用の1割を確保する日本の基幹産業となったのも事実。しかし、豊かな社会となった今、市民個人の取り囲んでいる周りの世界（環境）が品質、費用、時間に大きく影響を与え始めてきていると言える"
　"豊かになったから、建設技術者の役割も薄れていくのかなぁ？"と和明が言った。周平は、"カンボジアでの話だけど、設備を守ることも大事だと思うけど"と問いかけた。
　学は"周平君の言うとおりだよ。社会資本は、税金で造られた市民の資産であり、大事に永く使っていかなければならない。施設の数は膨大で、修繕の資金にも限界がある。防災施設は常に市民生活を守っているから、造り変えるというのは難しい。そうすると、社会資本を如何に安く永く安心して使い続けるかが基本だと思う。そのため、維持管理における建設技術者の役割は大きくなっていくと思うよ"と言った。

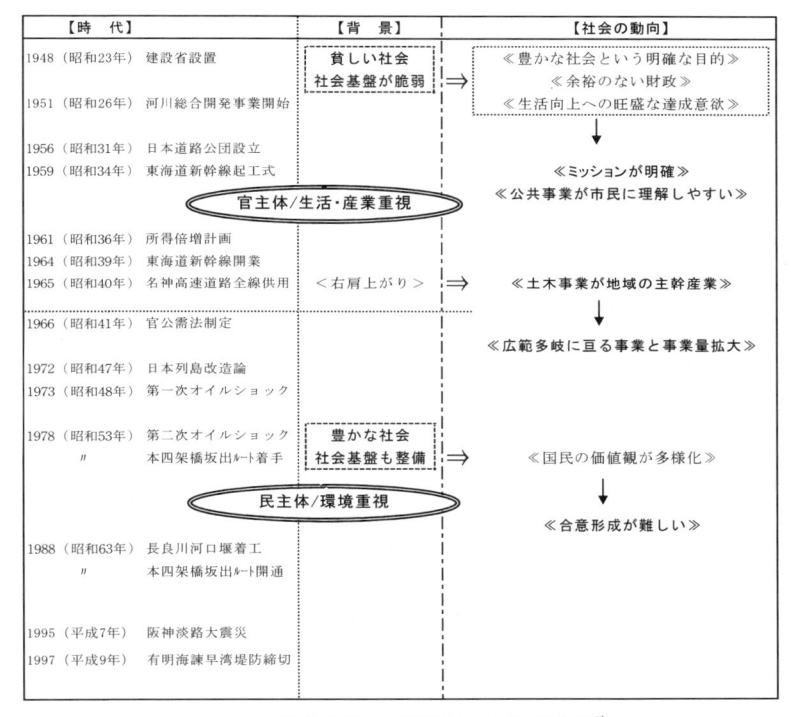

【時　代】	【背　景】	【社会の動向】
1948（昭和23年）建設省設置	貧しい社会	≪豊かな社会という明確な目的≫
1951（昭和26年）河川総合開発事業開始	社会基盤が脆弱 ⇒	≪余裕のない財政≫
		≪生活向上への旺盛な達成意欲≫
		↓
1956（昭和31年）日本道路公団設立		
1959（昭和34年）東海道新幹線起工式		≪ミッションが明確≫
官主体／生活・産業重視		≪公共事業が市民に理解しやすい≫
1961（昭和36年）所得倍増計画		
1964（昭和39年）東海道新幹線開業		
1965（昭和40年）名神高速道路全線供用	<右肩上がり> ⇒	≪土木事業が地域の主幹産業≫
1966（昭和41年）官公需法制定		↓
1972（昭和47年）日本列島改造論		≪広範多岐に亘る事業と事業量拡大≫
1973（昭和48年）第一次オイルショック		
1978（昭和53年）第二次オイルショック	豊かな社会	
〃　　　　　　本四架橋坂出ルート着手	社会基盤も整備 ⇒	≪国民の価値観が多様化≫
民主体／環境重視		↓
		≪合意形成が難しい≫
1988（昭和63年）長良川河口堰着工		
〃　　　　　　本四架橋坂出ルート開通		
1995（平成7年）阪神淡路大震災		
1997（平成9年）有明海諫早湾堤防締切		

図6.2　公共事業の位置付けと時代背景[2]

6.3.3　環境アセスメント

　時代の流れとともに公共事業の置かれる位置づけが変わることを学から聞かされた。次に、周平は環境と建設事業との取り組みについて知りたく、"建設事業を実施するときに、環境に配慮しているのでしょ？環境に配慮すると事業にかかる時間や費用が増えるようだけど本当？"と聞いた。学が若かりし高度成長時代のことから話を始めた。

　生活面から見れば、昭和30年代以降の高度成長時代には、"消費は美徳"という言葉が使われた。そして、私たち日本人は戦後の経済発展の中で、いつの間にか、"捨てさせる"、"無駄使いさせる"、"旧式にさせる"といっ

た商品の動きに乗せられていたのかもしれない。そして、大量に消費して大量に捨てることが当たり前で、それが豊かさの証拠でもあるかのように受け取り始める場合もあった。

　香川県豊島問題は、そうした社会がもたらした戦後最大級の不法投棄事件と言われている。この問題は、あまり重要視されてこなかった廃棄物の問題を、一気に我が国最優先の環境問題にクローズアップさせた。国民に環境というものを意識させ、廃棄物政策の見直しのきっかけになった[3]。

　自治体では、環境条例を制定して環境保全に取り組んでいる。公共事業についても目的と意義をはっきりさせて、事業内容が環境上適性かどうかチェックしなければならない。したがって、大きな事業を行う時には、必ず環境アセスメント（環境影響評価）を実施する。そのなかで、環境に関する調査、予測、評価を行い、工事を実施すれば予測、評価通りかどうかを確認するモニタリングの計画も示すことになっている。

調べてみよう！

環境アセスメント

香川県豊島問題の経緯[3]

　小豆島から西へ4キロ、瀬戸内海に浮かぶ香川県・豊島（てしま）に、昭和53年（1978年）から13年間にわたって計約60万トンの産業廃棄物が投棄された。業者は廃プラスチック、廃油、汚泥等をフェリーで運び込み野焼きを繰り返した。

　香川県は立ち入り検査を行ってきたが、業者への指導監督を怠った。平成2年（1990年）に兵庫県警が業者を摘発。県は、兵庫県警察の摘発後、処分地の立入調査や周辺地先海域の実態調査を行うとともに、豊島開発に対して産業廃棄物処理業の許可を取り消し、さらに産業廃棄物撤去等の措置命令を行った。業者は事実上事業を止めて、膨大な量の産業廃棄物が豊島に残された。その後の調査で、廃棄物から国内最高レベルのダイオキシ

ンが検出された。平成12年（2000年）6月に住民と香川県の間で調停が成立し、知事が責任を認めて初めて住民に謝罪した。産業廃棄物は豊島から完全撤去し、近くの直島で溶融処理することになった。

6.3.4　環境と時間の因子

"最近、事業の実施に時間がかかっているのは、環境に関する調査とか制約が入っているからなの？"と和明は学に聞いた。

"確かに、住民の理解が得られずに工事着手できない場合もある。また、社会資本を造る大きな仕事で莫大な資金がいる場合、事業につく予算が少なくて遅れる場合がある。それを打破するための方策を見出すのも技術者の役割だよ"と学は言った。

"最近、報道ではイヌワシやクマタカで事業が止まる場合もあるけれど、それも建設技術者が対応するんですか？"と周平が学に聞いた。

"ああ、福島県の発電所再開発で近くに生息する貴重猛禽類のイヌワシ保護と開発が共存した例がある。当然、全体の環境保全も配慮した上での話だよ。建設技術者が主体的に役割を果たしてうまくいった例と言えるね"

"貴重猛禽類は大事だけど、今までの環境管理とどこか違うの？"

"基本的には変わりはないんだが、工程が遅れると工事費も上がるし、時間の管理は建設技術者にとって重要なマネジメント技術ということはわかるよね。生態系の繁殖期を考慮して、環境対策に時間的管理を考慮したわけだ"

"もう少し詳しく説明すると"と言って学は以下のような説明をした。

プロジェクトの環境影響評価を考える場合、水質、騒音、振動、土地改変等の住民環境に配慮した空間的な環境管理が基本だった。それに加えて最近では希少猛禽類保護等に代表されるように、生態系との共存が強く謳われるようになってきた。イヌワシ等の希少猛禽類の生活サイクルは、営巣期と非営巣期に分かれている（図6.3参照）。求愛期から営巣

期には繁殖のため、イヌワシ等の敏感度が高まるから、その期間内は工事の制約を設けなければならない。

　生態系の繁殖期に配慮して、工事期間の制約を設けて時間的管理要素を考慮した環境マネジメントを導入する必要がある。イヌワシの営巣期を考慮した工事の事例として、次の奥只見発電所増設工事の例が挙げられる。

写真6.4　イヌワシ
（写真提供：電源開発㈱）

図6.3　希少猛禽類の生活サイクル[4]

奥只見発電所の増設における環境と開発の共存事例[5)6)]

　本事例では、イヌワシ等の希少猛禽類の行動圏や繁殖状況を把握すべく鳥類調査及びモニタリングを実施するとともに、様々な環境保全対策を施し、工事期間4年間に2度イヌワシの繁殖に成功している。その対策のうち特徴的なのは、関係行政機関と協議を重ねた結果、

　　『営巣期（11月～6月）においては、営巣地から半径1.2kmの範囲内
　　では、地上部の工事及び工事車両の通行は行わない』（地上部工事は
　　非営巣期の7月1日～10月31日の4ヶ月間とした。）

という時間的・空間的工事制約を設けたことである。本事例におけるマネジメントの要点は、環境対策上、単年度に許される工事期間の短さを克服して、確実な施工を行うことにある。工程に少しの遅れが生じた場合、工事期間が短いために簡単に回復できず、全体工期の延長、管理費等の事業費増加及び事業価値の低下につながりかねない。設計、施工にあたっては、以下の点を念頭において環境、工程、品質、コスト、安全も含めた総合的なマネジメントが求められた。

・工事に関わる法令手続き（自然公園法等）の迅速な対応（工事変更を含む）
・具体的な先行事例がない中、イヌワシが繁殖した場合の工事の対応
・安全かつ施工性に優れた設計及び施工法の採用
・不可抗力等を想定して、計画前倒しの工事施工（次年度繰越を避ける）
・上述の内容に伴う追加の環境対策や急速施工等に伴う工事費の増加の回避

		11年度	12年度	13年度	14年度	15年度
水路	取水口					
	水圧管路					
	放水路					
	放水口					
発電所	土木工事					
	建築工事					
	電気機器					
	試験					
	河川維持流量放流設備					
	発電設備					

（上記の白色部分が7月1日から10月30日で、イヌワシの非営巣期を示す。地下の工事を除いて、ほとんどの工事が非営巣期のみに工事を行っている。）

　その他特徴的な事項（外部の理解を得るために）

・報道機関に対し、定期的な情報提供と工事現場の公開
・県への環境報告書をホームページで公開
・環境マネジメントシステムISO14001を建設機関としては国内で初めて認証取得

> **考えてみよう！**
> 環境と開発の共存に向けて

■6.4 環境における役割

学は、さらに以下のような説明を周平達にした。
"環境を考える上で、従来の環境アセスメント等に加えて時間の要素を考慮したマネジメントが必要になっている。時間の要素はコスト、品質にも影響を与える。より安く、良い社会資本を、タイムリーに提供していく責務を担う建設技術者にとって、重要なマネジメント技術なんだ。でも、実状はタイムリーな公共事業を必ずしも行えていない部分もある。これを克服するために、公共事業の多様な目的を住民に解りやすく説明し理解を得ることは建設技術者にとって重要な使命だと思う。また、工期等の時間を守るための努力、技術向上も忘れてはならない"

"建設プロジェクトに関する報道の内容は様々だけど、人として約束やマナーを守れば公共事業は喜ばれる仕事だと思うんだ。私は役所の仕事だけど、住民にありがとうと言われた時の満足感は何にも代えがたいね"と学は付け加えた。

"お礼を言われて悪い気はしないし、やりがいがある仕事だけど、僕達にできるのかな"

"できるよ。約束を守れば住民は信頼する。そして、それは個人の誇りに繋がり、次に繋がる。とにかく、地球レベルで環境を考える時代を迎えて、建設工学は、領域面だけでなく時間軸においても総合工学であることを再認識すれば、まだまだやることは一杯あるんだよ"

"格好いいこと言っているけど、親父、本当に喜ばれる仕事しているの。家では、いつも母さんに怒られてばっかりなのに"と和明は茶化した。

"おいおい、和明、家のことを持ち出すことはないだろ"

3人はひと仕事を終えた充実感を感じながら、ビールのグラスに手を伸ばした。

参考文献

1）大辞林：三省堂
2）小澤、嶋田：公共事業システムの『将来像』、第20回建設マネジメント問題に関する研究発表・討論会　参考資料、pp.45-52、2002.11.
3）香川県ホームページ
4）環境庁編：猛禽類保護の進め方、1996.8.
5）嶋田、橋本、佐藤：奥只見発電所増設工事における環境保全に配慮した工事施工、土木建設技術シンポジウム2002、pp.33-40、2002.5.
6）土木学会：土木とコミュニケーション　第5回　調べてみよう「Win-Winへの道～イヌワシをめぐる奮闘記～堀　正幸氏」、土木学会誌、2002.11.

第7章 建設技術者の使命と倫理

■7.1 建設技術者の使命ってなに

　周平は、就職を考える年齢になっていた。これまで哲平や有可と一緒に日本の社会資本整備事業について調べてきた。高校生の時には、カンボジアでのJICAの仕事を見るために現地へ行った。また、田邉朔郎の琵琶湖疏水事業に関する卒業論文の調査に挑戦もした。大学に入ってからは、社会資本整備に関係する技術を学び、また環境とマネジメント技術についての学習を通して、建設技術者の役割が今後とも重要であることを確信した。そして、周平は、自分もカンボジアで会った父の友人の原田さんのように、建設会社に勤め、社会資本整備事業の仕事にぜひ就こうと考えていた。周平が建設会社に勤めたいと考え出したのは、原田が言った"現場は技術者の原点"という言葉からだ。

　母は"きつい仕事よ、転勤も多いし、それにあなたは長男よ……"と、あまり賛成ではなかった。しかし、父は"楽な仕事なんてないさ。自分がやりたいと思うなら、やればいい"と言ってくれた。商社に勤め、発展途上国でのプロジェクトを扱ってきた父の言葉には、原田と同じような迫力があった。"建設会社って、談合だとか、汚職だとか、イメージ悪いけど、昔はそうじゃなかったわよね"と母は父に言った。

　"バブル経済がはじけて、談合だとか、贈収賄とか、建設会社の職員と役人が随分捕まったね。新聞やテレビで毎日のように報道され、建設産業のイメージは悪くなったね"

　"どの国でもこういった問題はあるのだけれど、問題は、建設関連の仕事に携わる人達の意識だと思うよ"と慎介は周平の顔を見て、言った。

　"周平、世田谷のおじいちゃんの家の近くに大きな橋あるでしょ。あ

の橋、私が中学生の頃にできたのよ"母は突然、違った話を始めた。
"工事、おもしろくて、友達と一緒に、毎日、学校に行く時見ていたの"
"柱が立つと、ヤジロべみたいな形になって、両方の端が毎週どんどん伸びてゆくの。どうなるのかなって、友達と話していたわ。しばらく

写真7.1　ディビダーク工法（榛名8号橋）
（写真提供：㈱長大）

写真7.2　ディビダーク工法（大深谷橋）
（写真提供：ピーシー橋梁㈱）

第7章 建設技術者の使命と倫理

したら、反対側の柱から、同じように伸びてきた手と繋がったの"

"あの時は、あんなことできるんだ、建設会社の人達ってすごいと思った"

"近所の人達も、橋ができて便利になったし、建設会社の人達ってすごいと言ってたわ"

母は少女の頃を思い出すように、話した。そして、"いつ頃から、建設会社のイメージが悪くなったのかしら……"と言った。

"イメージ悪いわよ、事件があると"犯人は土木作業員"とか言うでしょ"

"そう言えば、テレビでも"犯人は建築作業員"とは言わないな……"と父が、ぼそっと言った。

父と母が話す、談合だとか、汚職だとか、贈収賄といった言葉については、周平も新聞などで見聞きして気にはなっていた。しかし、カンボジアで現場を案内してくれた原田さんとは無関係なことのように思えた。確かに、母の言うように建設会社のイメージはよくない。周平は建設技術者とはどのような心構えを持っていなければならないのか、知りたくなった。

"なんで建設会社のイメージが悪くなったのか、カンボジアの原田さんに話を聞いてみたいな"と周平は言った。

"原田さんなら、今、休暇で日本に帰ってきているよ。訪ねてみたら"と父が言った。

> 【談合】
>   役所が工事や物品を発注する場合には、少しでも費用を安くするために、複数の業者により入札を行い、最も安い額を提示した業者を選定し発注する。その時に業者は、なるべく高い額で受注できるように業者間で相談して入札する額を設定したり、役所が予め落札する業者を決めておき、他の業者は高い額で入札するよう指示をしたりする。これを談合という。
>
> 【贈収賄】
>   役所の工事や物品の発注に便宜を図ってもらうために、賄賂（お金や物品）を業者から役所の職員に贈ったり、役所の職員が職権を濫用して業者から賄賂を受け取ったりすること。

　次の日曜日、周平は原田さんの家を訪ねた。原田さんは相変わらず色黒で坊主頭。
　"おお、周平君！立派になって。よく来た。あがれ、あがれ"と言って、ニコニコ笑いながら周平を迎えてくれた。
　"建設会社に就職したいんだって"と原田さんが言った。
　周平は、原田さんが言っていた"現場は技術者の原点"という言葉が心に残っていて、建設会社に勤めたいと考えていることを話した。そし

第7章　建設技術者の使命と倫理

て、母が心配しているように、建設会社には談合や贈収賄といった悪いイメージがあり、惑わされることなどを話した。
"周平君は、建設技術者は何のために仕事すると思う"
原田さんは周平に質問した。
"人間が、安全で、安心して、豊かに暮らせるようにするために社会資本を整備すること。それと、自然環境を守ることだと思います"
周平は少し考えて答えた。
"そうだね、その２つは重要な建設技術者の使命だね。あと１つ加えると、現代だけでなく未来の世代に対しても自然と人間を共生させる環境を創造、保存することも必要なんだ。それからもう一つ大事なことを忘れていた。それは、自分が生きていくための金を稼ぐこと。これがないと、暮らしていけないもんな"
二人は顔を見合わせて笑った。

■7.2 建設技術者の倫理とは

　周平は、建設会社の談合だとか、手抜き工事について原田さんに聞いてみた。

　"最近、テレビや新聞でよく耳にするんですが、建設会社の談合だとか、手抜き工事だとか。こんなことが何で起こるんですか？"

　"うん、確かによく耳にするよね。建設産業だけでなく、自動車会社のリコール隠し、電力会社の原発データ隠し、鳥インフルエンザの問題など、他の産業でも日常茶飯事だね"

　"こういうことが起こるのには、いろんな原因があると思うけど、当事者が、自分が属する組織、例えば会社だよね、その組織への責任や個人的な利害を、一般社会に対する責任よりも優先したことに、その原因の一端があると思うんだよ。周平君は、まだ就職していないからピンと来ないかもしれないけど、会社という組織は利益を上げないといけないんだ。そうしないと、従業員に給料が払えなくなるよね。だから、会社で働く人達は、少しでも会社が儲かるように努力しているんだ。その時に、技術的に問題があると分かっていても、本来必要な材料を使わなかったり、必要な長さのものを使わなかったりするなどの手抜きをして費用を浮かせたり、問題が発生した場合に、それによる工程の遅れ、余分な費用が発生することを恐れ、報告を怠ったりするという、良くない方向で解決しようとして問題が起きるんだと思う。それから、個人的な利益のためにすることも考えられるよね。だけど、社会に与える影響やインパクトが大きいから、こういうことはやってはいけないんだ"

　"また、こういうことに対するペナルティーもあるんだ。指名停止といって、役所が工事や物品を発注する場合に行う入札に、一定期間参加させてもらえなくなるんだ。これにより、仕事を受注する機会が減るんで、企業にとっては痛手になるよね"

> 【指名停止】
> 　役所が工事や物品を発注する場合には、役所が定める資格を有する業者の中から発注内容に応じて入札に参加する業者を複数指名し、その業者により入札を行う。その時に、談合や手抜き工事などの不正を行った業者は、ペナルティーとして、一定期間入札への参加の指名から除外される。

　周平は何となく分かったような気がした。
　"そうだ、周平君、私の書斎にあるパソコンを使って、インターネットで調べて見よう。確か、土木学会のホームページに"土木技術者の倫理規定"というのが出ていると思うんだ"
　周平と原田さんは、早速、土木学会のホームページを検索し、"土木技術者の倫理規定"を調べてみた。
　すると"JSCE2005－土木学会の改革策－社会への貢献と連携機能の充実"という項目があり、これをクリックすると文章が現れた。読んでゆくと"今日の土木工学が目標とすべきは、市民の意識や社会の問題をくみ上げ、それに基づいて社会資本サービスおよび空間利用に関するソリューションを提供していくことである"という文章に目が留まった。"社会資本サービス"とか、"空間利用に関するソリューション"といった意味がよく分からない言葉があったが、土木工学の目標は、社会の人々の意見を聞いて、必要なものを提供してゆくことだということは理解できた。

　　　　　URL：http://www.jsce.or.jp/outline/soukai/85/rinnri.htm

土木技術者の倫理規定

前　文
1. 昭和13年（1938年）3月、土木学会は"土木技術者の信条および実践要綱"を発表した。この信条および要綱は昭和8年（1933年）2月に提案され、土木学会相互規約調査委員会（委員長：青山士、元土木学会会長）によって成文化された。1933年、わが国は国際連盟の脱退を宣言し、

蘆溝橋事件を契機に日中戦争、太平洋戦争へ向っていた。このような時代のさなかに、"土木技術者の信条および実践要綱"を策定した見識は土木学会の誇りである。
2．土木学会は土木事業を担う技術者、土木工学に関わる研究者等によって構成され、1）学会としての会員相互の交流、2）学術・技術進歩への貢献、3）社会に対する直接的な貢献、を目指して活動している。土木学会がこのたび、"土木技術者の信条および実践要綱"を改定し、新しく倫理規定を制定したのは、現在および将来の土木技術者が担うべき使命と責任の重大さを認識した発露に他ならない。

基本認識
1．土木技術は、有史以来今日に至るまで、人々の安全を守り、生活を豊かにする社会資本を建設し、維持・管理するために貢献してきた。とくに技術の大いなる発展に支えられた現代文明は、人類の生活を飛躍的に向上させた。しかし、技術力の拡大と多様化とともに、それが自然および社会に与える影響もまた複雑化し、増大するに至った。土木技術者はその事実を深く認識し、技術の行使にあたって常に自己を律する姿勢を堅持しなければならない。
2．現代の世代は未来の世代の生存条件を保証する責務があり、自然と人間を共生させる環境の創造と保存は、土木技術者にとって光栄ある使命である。

倫 理 規 定

土木技術者は
1．"美しい国土"、"安全にして安心できる生活"、"豊かな社会"をつくり、改善し、維持するためにその技術を活用し、品位と名誉を重んじ、知徳をもって社会に貢献する。
2．自然を尊重し、現在および将来の人々の安全と福祉、健康に対する責任を最優先し、人類の持続的発展を目指して、自然および地球環境の保全と活用を図る。
3．固有の文化に根ざした伝統技術を尊重し、先端技術の開発研究に努め、国際交流を進展させ、相互の文化を深く理解し、人類の福利高揚と安全を図る。

4. 自己の属する組織にとらわれることなく、専門的知識、技術、経験を踏まえ、総合的見地から土木事業を遂行する。
5. 専門的知識と経験の蓄積に基づき、自己の信念と良心にしたがって報告などの発表、意見の開陳を行う。
6. 長期性、大規模性、不可逆性を有する土木事業を遂行するため、地球の持続的発展や人々の安全、福祉、健康に関する情報は公開する。
7. 公衆、土木事業の依頼者および自身に対して公平、不偏な態度を保ち、誠実に業務を行う。
8. 技術的業務に関して雇用者、もしくは依頼者の誠実な代理人、あるいは受託者として行動する。
9. 人種、宗教、性、年齢に拘わらず、あらゆる人々を公平に扱う。
10. 法律、条例、規則、契約等に従って業務を行い、不当な対価を直接または間接に、与え、求め、または受け取らない。
11. 土木施設・構造物の機能、形態、および構造特性を理解し、その計画、設計、建設、維持、あるいは廃棄にあたって、先端技術のみならず伝統技術の活用を図り、生態系の維持および美の構成、ならびに歴史的遺産の保存に留意する。
12. 自己の専門的能力の向上を図り、学理・工法の研究に励み、進んでその結果を学会等に公表し、技術の発展に貢献する。
13. 自己の人格、知識、および経験を活用して人材の育成に努め、それらの人々の専門的能力を向上させるための支援を行う。
14. 自己の業務についてその意義と役割を積極的に説明し、それへの批判に誠実に対応する。さらに必要に応じて、自己および他者の業務を適切に評価し、積極的に見解を表明する。
15. 本会の定める倫理規定に従って行動し、土木技術者の社会的評価の向上に不断の努力を重ねる。とくに土木学会会員は、率先してこの規定を遵守する。(1999.5.7　土木学会理事会制定)

"いろいろ難しい言葉で書いてあるけど、例えば、第2項について簡単に説明すると、土木技術者が担う社会資本は、何十年、場合によっては何百年にわたって人々に利用されるよね。だから、『自然を尊重し、現在および将来の人々の安全と福祉、健康に対する責任を最優先し、人

類の持続的発展を目指して、自然および地球環境の保全と活用を図る』という高い倫理観をいかに保持するかということが、世代を超えた土木技術者共通の重要課題になるんだよ"

"それから倫理規定は法律や校則のように"べからず集"でないということがポイントなんだ。『法律』は社会生活上のマイナスをゼロに戻すものであり、『倫理』はゼロをプラスにする役割を担っている。だから、プラスの上限は自ら定めるものであって、技術者として高い理念を掲げ、自然と社会に対して強い責任感を持ち、自己の努力を惜しむことがなければ、上限値は限りなく高くなるんだ"

"一言で言うとすれば"職務を誠実に信念を持って実行しろ"ということかな"と原田さんは言った。

その後も二人の話はつきなかった。

"原田さん、今日はどうもありがとうございました。また、相談に乗って頂きたいのですが。いいですか"

"ああ、いいよ。また、一杯やりながら話そうや"

原田さんは笑いながら言った。周平は、改めて建設技術者の責任の重さを認識するとともに、卒業後は建設会社に勤めることを確信した。

■7.3　具体的な事例で考える

周平は、原田さんと土木技術者の倫理規定を調べたのをきっかけに、もう少し具体的な事例を通して調べを進めてみようと思った。しかし、自分ひとりでは限界があるため、工業高校に勤務している叔父の健太郎に日曜日の夜にメールで相談した。

"健太郎叔父さん、ご無沙汰しています。周平です。相談に乗っていただきたいことがあります。土木技術者の倫理規定というのをインターネットで調べましたが、『職務を誠実に信念を持って実行しろ』ということらしいのは分かったのですが経験がないせいだと思うんですけど、

第7章　建設技術者の使命と倫理

どうもピンとこないんです。もう少し具体的な事例で考えてみてはと思うんですが"

"周平君、その後元気ですか。メールをありがとう。倫理規定には格調高いことが書かれていますが、抽象的で分かりにくいかもしれませんね。そういえば、東京の工業高校で教えている友人が、技術者の役割・使命というテーマで、生徒たちと勉強をしてみたいと言っていました。よければ、一度、大学の授業のない日にでも、その高校に行って生徒と話し合ってみてはどうですか"

　健太郎は、早速、都内の高校で建設工学科の先生をしている清水太郎先生に頼んでみると、二つ返事で了解してくれた。

"周平君、私の友達で清水先生というのが都内の高校で建設工学を教えています。ちょうど、来週の水曜日に総合学習の時間があるので、そこで生徒と一緒に技術者と倫理について考える時間を設定したいということです。先方と直接連絡を取って下さい"

"健太郎叔父さん、早速のご返事ありがとうございました。高校生と一緒にディスカッションするなんてちょっと緊張しそうだけど、面白そうですね。同級生の和明が確か技術士一次試験を受験していたと思うので、彼も連れて参加してみます。一次試験には倫理のことが出るようですし"

　次の週の水曜日の午後に、清水先生の勤める工業高校を訪問することが決まった周平は、月曜の放課後、和明を誘って、インターネットで技術者と倫理というキーワードでウェブ検索をしてみた。調べてみるといろいろなことが分かってきた。例えば、この間、原田さんと調べた土木

学会の倫理規定は、実は土木学会で昭和13年に技術者の倫理綱領として制定したものを現代風に書き改めたものだった。また、日本国内では建設コンサルタンツ協会、日本技術士会などにより倫理に関する規定が定められている。更に、海外についても、例えば米国土木学会などにより同様の規定が定められていることが分かった。

でも、どの規定についても、書き方は抽象的でこれをそのまま題材としても、建設工学を専門としていない高校生には不適切かなと感じられた。そこで、周平は和明と話し合って、具体的な題材を考えてみた。

"建設に関係ないけど、うちの大学では今キャンパス内禁煙活動をやっているよね。歩行喫煙をしている学生や先生を見つけたらお互い注意することになってはいるけど、和明は実行しているかい"

"うーん。相手の顔色を伺って、おとなしそうな学生だったら、たまに声をかけるけどね。建設工学科の綿貫先生は歩行喫煙の常習者だけど、注意なんか絶対できないな。成績悪くされたりしたら困るし"

"でも人として正しい道はと尋ねられれば、相手が誰であってもルールを守るように注意するべきということになる。これって倫理の問題だね"

"本音と建前の使い分けだね。技術者に関する簡単な事例が探せないかなあ……"

"そういえば、前におじさんから聞いたことがあったなあ。1980年代にアメリカのスペースシャトルの発射事故で乗組員が亡くなった事件についてなんだけど。打ち上げに反対していた技術者がいたって"

"『技術者倫理』と『スペースシャトル』という二つのキーワードでウェブ検索してみよう。……確かに多くの大学の講義で、この事例が取り上げられているね"

第7章　建設技術者の使命と倫理　　　　　　　　　　　　　　115

二人が調べたところによれば、概ね次のような内容だった[2)、3)]。

　1986年1月17日、その日はスペースシャトル・チャレンジャー打上げの前日だった。気温は極端に低くOリングという部品のシール性能が低下して、高熱ガスが漏洩し、大爆発になる危険性が懸念された。このときの気温は以前のどの打ち上げ時よりも低かった。M社の設計製作担当技術者であるロジャー・ボイジョリーは、打上げに強く反対し、M社はNASAに打ち上げ中止を勧告した。NASAはその勧告に疑問を呈した。M社経営陣はNASAの意向に配慮して、勧告を撤回。M社とNASAが話合いを行い、全員一致で打上げを容認。担当技術者は、打ち上げ中止を強く主張したが、受け入れられず、チャレンジャーは打ち上げられ、発射2分後に爆発炎上。乗組員7人は全員が死亡。民間人の女性高校教師による宇宙からの授業が予定されていた。また、日系米人のオニズカ氏がパイロットだった。

　強行した背景としては、延期すれば、次回打上げが春以降になり、相当の遅延となること、当時の米国は不況であり、巨額の科学技術予算の

獲得には、国民と議会の十分な支持が必要であったこと、連邦政府はこのチャレンジャー打上げに国家の威信をかけており、全世界が注目した民生用のスペースシャトルであり、テレビ中継もされていたことが挙げられる。

写真7.3 スペースシャトル・チャレンジャー事故で死亡した7飛行士
（ウガンダ発行切手、1987年
http://members.jcom.home.ne.jp/etsujino2/usa/shuttle.htm）

周平は、"この技術者は、高い専門知識を持っていたからこそ、問題点を正しく把握することができたということだ。そして技術者としての責任や使命をきちんと認識していたから、それに従って行動を起こすことができたんだ"と思った。もし、会社の上司やNASAの顔色を伺って、自分の保身に走り、口をつぐんでいても、この事故は起きたであろう。けれども、組織の論理を超えて、技術者としての倫理に基づいた担当技術者の行動は賞賛に値する。周平と和明は、もし自分がロジャー・ボイジョリーの立場だったとして、同じ行動を取ることができるだろうかと考え込んでしまった。

進もうとしている建設産業の中には同じような事例はあるだろうかと、周平は更にウェブを閲覧したが、なかなか具体的な事例までは探し

出せない。建設産業で倫理が問われる事例は、責任問題が絡むので表沙汰にならない場合が多いらしい。周平は、和明が技術士一次試験を受験していたのを思い出して、和明に尋ねた。"和明、技術士一次試験を受験したはずだよね。適性試験とかで倫理に関する問題が出題されてたんじゃなかった？"和明は、"ああ、常識的なセンスで解ける問題だったと思うけど、出題されてたよ。清水先生の高校に行く時に過去問を持ってゆくよ。今日はバイトも入っているんで、続きは水曜日ということで"と、言い残して、周平と別れた。周平は、チャレンジャーの事例で少し具体的に掴めた気がしたが、まだ建設産業との関わりは掴めないままだ。

　高校を訪問する当日、授業のない周平と和明は、最寄りの駅で待ち合わせて、健太郎叔父さんの友人の清水先生が勤務する工業高校へ向かった。高校へ到着するとすでに先生が校門で二人を待っていた。
　"矢野周平君だね。はじめまして。今日の総合学習の授業は、君達二人に先生になってもらうつもりだから、よろしく"と言い終えるや、清水先生はさっさと教室へ向かって歩き出した。心の準備ができていない二人だったが、有無を言わせない清水先生に引きずられて、3年A組の教室へ入った。三人が入るとそれまでざわついていた教室は静まり返った。
　"今日は、大学で建設工学を専攻している矢野周平さんと、その友人の吉澤和明さんに来てもらいました。二人とも建設技術者の卵です。二人は、技術者倫理ということについて調べていて、具体的な事柄を題材に君達と議論をしてみたいということで、来ていただきました。今日はこの総合学習の時間のリーダー役をやってもらいます。あいさつをしましょう"
　清水先生が二人を紹介すると、20人程度の生徒たちは、一斉に"ちわーす"とあいさつをした。周平と和明は、その声にちょっと驚いた。自分達は大学生だぞ、と気持ちを持ち直して"よろしくお願いします"と返した。

まず、和明が、秋に受験した技術士一次試験の過去問を思い出しながら、作成してきた課題文をプリントを配布した[4]。そこには、次のような課題が書かれていた。

> 状況：A氏は、建設会社と守秘義務を遵守することを含むコンサルタント契約を結んでいる。A氏は、契約しているプロジェクトが環境破壊をもたらす可能性が極めて高いことに気付いたので、開発の見直しを建設会社の担当B課長に進言した。B課長はこの進言を上司に報告しても受け入れられる可能性は低いと判断してこれを無視した。結果、この進言は受け入れられず、プロジェクトは実施された。しかし、A氏はことの重大さを思い、関係公共団体C技師に自分の技術者としての懸念を申し出たが相手にされず、さらに住民団体にこのことを報告したため事態は明るみに出た。建設会社のD社長は、A氏がコンサルタント契約において明確に規定されていた守秘義務に違反したとして告訴した。また、建設会社のD社長は環境破壊をもたらす可能性が認識されていれば中止したが、担当B課長が報告の義務を怠り勝手に握りつぶしたことが問題を深刻にしてしまったとして、B課長を解雇した。公共団体はあわててプロジェクトの中止を決定したが、建設会社のD社長からは損害賠償の請求を受けた。
> 問題：倫理の技術者という観点から、あなたの考えを述べなさい。

"この問題をよく読んで、倫理と技術者ということを考えてみたいと思います。倫理的には誰が間違っていると思いますか"と和明は生徒達に聞いた。

"Aさんは守秘義務を守らなかった責任がある"

"B課長は、責任を取らされた形になってかわいそう"

などの意見が生徒から上がった。

"それでは、少し突っ込んでこの問題を考えるために、ここにいる全員をA氏、建設会社B課長、公共団体C課長、建設会社D社長の4つの立場のグループに分けます"と周平は言った。

"各グループは、どういう主張をするかを相談して決めてください。

それぞれの主張をもとに議論をしましょう"と周平が続けた。各グループの生徒達は、わいわいがやがや議論を始めた。こうして、それぞれのグループの主張が次のように決まった。

　A氏グループ："技術者として当然の責務を実行しただけで。告訴には断固として戦う"
　B課長グループ："上司からはこのプロジェクトは絶対成功させなければならないと言明されており、A氏の進言を報告しなかったのは、そのような会社の方針に従っただけで、解雇されるいわれはない"
　C技師グループ："大きなプロジェクトとはいえ、重大な環境破壊を引き起こすような事態は避けなければならない。いかなる事態になろうともプロジェクトを推進するといったことはない。建設会社が適切な報告をしなかったことがこの事態を招いた"
　D社長グループ："このプロジェクトは絶対成功させなければならないと担当課長に言明した事実はない。したがって、担当課長の判断ミスがこの問題の原因である。また、A氏は守秘義務に反した行為をしたことは明らかで、その責任は免れない"

この主張に対して、全員で意見交換を行った。その結果は以下のようであった。

　A氏グループ："私には技術者として公共の福祉を最優先する義務があります。それを犯す恐れのある場合には、契約条項に反しても公にしなければならないことはあると思います"
　D社長グループ："きちんと担当者を通して会社の意思決定にゆだねてもらえれば、わが社も公共の福祉に反したプロジェクトを推し進めるつもりはまったく無かったのです"

B課長グループ："それじゃあ私が担当者として上司に報告しなかったのが悪いように聞こえますが、内々には部長に伝えたんですよ。そしたら、『そんな話は根拠の無いものだろう。だいたい、事業が始まる前に環境影響評価をやっているんだから』って怒鳴られちゃって。とても相手にしてもらえる様子じゃなかったんです"

C技師グループ："環境影響評価は事前に実施したわけです。コンサルタント会社に依頼して調査を実施するとともに、専門家の先生方にその調査結果に基づいて慎重に検討をしていただいた結果が出ておりました。しかしながら、何分にも不確定な要素がたくさんありまして。このような結果が出ましたことは誠に遺憾であります"

A氏グループ："私が公にしなければ、そのままプロジェクトは進ん

でしまったのではないでしょうか"
C技師グループ："誠に、Aさんのおかげでありまして、感謝の言葉もございません"（まったく、いらぬことをしてくれたもんだ）
D社長グループ："環境に悪影響を与えるプロジェクトをそのまま推進せずにすんだという意味では、誠にC技師のおっしゃる通りですね"（わが社の儲けは、これでパー。まったく、これまでの苦労が水の泡だ。どっか、他の工事で穴埋めしてもらわなきゃならんぞ）
B課長グループ："何で私が解雇されなきゃならないんだ。これまで20年間汗水たらして会社のために働いてきたのに"
A氏グループ："その会社のために、というのがおかしいんじゃないですか。公共のためですよ"
B課長グループ："そんなこと言ったって、サラリーマンの私には限界がある。技術者個人の倫理と組織の倫理の間で板挟みになるのはいつも立場の弱い我々ですね。そういうAさんだってサラリーマンでしょ。会社で立場が悪くなるんじゃありませんか"
A氏グループ："確かに、今回の場合にはスムーズに行きましたが。いつでもこうなるとは限りませんね。技術者倫理ということが声高に言われていますが、正解が常に存在するというような単純な問題じゃあないですね"
D社長グループ："いやいや、わが社の社員には国民のために、よりよい社会基盤の創出に努力するよう常々申しておるところであります。決して会社という組織の倫理を優先するということはあり得ないのであります"
（議論は続いた）………

以上の議論のあと、参加者全員でこの問題に対する妥当な結論について意見交換を行った。その結果は以下の通りであった。

まず、A氏は技術者として公の利益を考えた行動を取っており、建設会社と交わした契約の中の守秘義務より優先されるべきである。B課長は自分勝手に判断した責任が問われる。D社長は、技術者倫理に反する行動がなされないように社内において技術者としての倫理の重要性を認識させ、それに沿って行動するよう教育すると共に、それが可能な体制を構築する義務を怠った。

　"しかし、これが結論と単純に割り切れるだろうか"と清水先生が言った。

　"建前から言えば正解がありそうだけれど、企業の倫理と技術者個人としての倫理の双方を満足するような答えを求めるのは簡単なことじゃあないと思う。その間を埋める努力をしてゆかないといけないのではないかな"

　"建前と本音は違うってことでしょうか"と周平はちょっと困惑した表情を見せた。

　"もうすぐ企業で働くことになる僕達としては、すっきりした答えがあるほうが楽なんですけど、そうもいかないって事ですね"と和明も表情を曇らせる。でも、すぐ続けて、"高校生のみんなは、今のうちから倫理ということを自分の問題として考える習慣をつけてほしいですね"と締めくくった。

参考文献

1) 土木学会　土木教育委員会倫理教育小委員会編：土木技術者の倫理　事例分析を中心として、土木学会、2003
2) Harris, C.E., Pritchard, M.S. and Rabins, M.J. 著、㈳日本技術士協会訳編：科学技術者の倫理―その考え方と事例―、丸善、1998.3.
3) Schinzinger, R. and Martin, M.W.、西原英晃監訳：工学倫理入門、丸善、2002.4.
4) 米田昌弘：社会人として生きる技術者として生き抜く―Y教授、学生に語ったホンネの話―、紀伊国屋書店、2004.2.

第8章　国土を支えるシビルエンジニア

■8.1　新潟県中越地震の被災現場

　周平は大学4年生になった。日本における社会資本整備事業、建設マネジメント技術、環境とマネジメント技術の関わり、建設技術者の使命など、多くのことを学んだ周平は、卒業研究のテーマとして、建設プロジェクトの経済波及効果に関する研究を選んでいた。指導教授は、厳しいことで定評のある勝俣先生だ。先生からもらったテーマは、高校生の時に大学の学園祭のポスターで知った『建設マネジメントサマースクール』の内容に近いものだった。あの時、屋台の焼き鳥屋の祥子さんが話してくれた、経済分析、RASプロセス、財務分析など、高校生の時にはまったく未知の世界だったものが、猛勉強の末、やっとどうにか自分のものになってきたと思った。卒業研究の発表会でたくさんの先生の前で堂々と発表できた時、指導教授の勝俣先生は、"うむ。まだまだ未熟だが、なんとか半人前にはなったな"と言って、ニコリと微笑んでくれた。

　周平は卒業研究を通して、建設マネジメントの奥深さを知り、更に建設マネジメントについて勉強したいと思い大学院に進学した。大学院では、4年生の卒業研究の指導をしながら自分の研究に取り組んだ。

　秋も深まった日の夕方、周平は自宅でくつろいでいた。その時、大きな揺れが襲ってきた。台所で食事の準備をしていた母に周平は"お母さん　火を消して"と叫んだ。周平はテレビをつけた。新潟県の中越地方で強い地震があったと速報が流れた。時間が経つにつれ、各地の震度の情報が発表されてきた。震源は新潟県の小千谷市で震度6強だった。そ

の後も余震が何度も続いた。周平は中学1年の時に起こった阪神・淡路大震災のことを思い出していた。"被災地の人達は大丈夫だろうか"、"食事時で火事は大丈夫か"、"台風の影響で地盤がゆるんで土砂災害が発生していないか"と父と心配しながら話した。しかし、地震発生が夜であったため、被害の状況がなかなか伝わってこなかった。

　朝になり、被害の状況がだんだんと明らかになってきた。家屋の倒壊、道路の陥没、土砂崩れ、新幹線の脱線など多くの被害の状況がテレビの画面に映し出された。

　休み明けの月曜日、大学に行くと地震の話題で持ちきりだった。土質工学の嶋田先生は大学で調査団を結成して現地調査に行く相談をしていた。周平は調査団に参加し、自分の目で被害の状況を確かめたいと思っていた。

　嶋田先生を団長に学生も含め総勢10名の調査団が結成された。周平も調査団の一員として参加することになった。周平は、大学院で産業連関表を用いた被災地復興の研究をたまたま行っており、即座にパソコンと

第8章 国土を支えるシビルエンジニア 125

新潟県中越地震の被災現場
―小千谷付近の道路崩壊現場―
（写真提供：松田洋紀氏）

産業連関表のデータを準備した。産業連関表にインプットする被災状況を早急に把握するため、周平のみ羽田からの臨時フライト便で新潟へ先に旅立った。上空から災害状況を見た方がインプットデータを早急に作成できると判断したのだった。周平を除く一行は、翌朝、ワゴン車2台に食料と飲料水をたくさん積んで東京を出発した。中央道経由で新潟県の柏崎ICで降り、柏崎市から通行禁止区域を迂回しながら、長岡市内に入った。長岡市に近づくにつれ、道路の陥没や倒れかけた電柱が増えてきた。その日は長岡市内のホテルに宿泊した。一行はホテルで無事、周平と合流した。

翌日は、長岡市から通行可能な道路を見つけながら小千谷市と山古志村に入り調査した。被害状況はテレビや新聞で見ていたが、実際に自分の目でそれを見て周平は唖然とした。壊れた家屋や道路、土砂崩れ、避難生活を強いられている人々……。それを見た周平は、"この人達の生活を元に戻してあげたい。そのためには、我々建設技術者の力が必要なんだ"と心の中で叫んだ。

■8.2　大学院から社会人へのスタート

月日が流れ、建設会社の入社式の朝を迎えた。周平は緊張のせいか、いつもより早く目が覚めた。周平は、就職先選定の際、公務員試験にも合格したが、あえてこの建設会社を選んだ。周平が大学院時代に新潟中越地震の調査で新潟の土砂崩壊現場に行った際、民間企業のボランティアとして、近くの工事現場のブルドーザー等を被災地に集め、いち早く復旧作業に協力した会社だった。被災地現場で建設会社の若い技術者達の行動力に魅せられたのが入社の動機だった。周平は産業連関分析のような解析手法を身に付けているが、何かまた災害等が起こった場合、解析結果を即実施に移し、貴重な人命を救助し、さらに崩壊した地域の産業復興にも貢献できると思ったからである。

居間に行くと既に父と母も起きていた。

"おはよう。いつもより早起きね。ご飯の準備ができているから、一緒に食べましょう"と台所から母の明るい声が聞こえた。父は新聞を見ながら"おはよう"と素っ気なく言った。

朝食を終え、周平は真新しいシャツにネクタイ、スーツに身を包んだ。慣れないネクタイを結ぶのには手間取ったが、何とか格好よく決まった。周平は鏡に映る自分の姿を見て身の引き締まる思いがした。

その姿を見て母は"まだ小学1年生のランドセルみたいで、スーツに着られているみたいだわ"と笑って言った。

父は"周平、いよいよ社会人だな。頑張れよ"と短い言葉で励ました。

"じゃ、行ってきます"周平は元気よく家を出て行った。入社式へ向かう途中、周平は今までに学んだ建設マネジメント技術を日本のため、また、世界のために駆使し、社会を支えられる建設技術者になることを心に誓った。いよいよ社会人としての一歩を踏み出した。

> **調べてみよう！**
>
> （この教本を読んだ後、各自で次の言葉を定義してみよう。正確な定義は存在しておらず、各自の解釈による。）
> ・シビルエンジニア
> ・マネジメント
> （欧米では、インフラストラクチャーの計画や工事を行う人だけでなく、市民の生活を守り、社会を改善するような広義な意味で国土を支えるエンジニアをシビルエンジニア（Civil Engineer）と呼ぶ。この教本で一貫して使用されてきた「建設技術者」が、シビルエンジニアの意味に近いこと、また、シビルエンジニアが社会を支える過程がマネジメント（Management）であることを実感して頂けたら幸いである。）

あとがき

　建設マネジメンは、米国等の先進諸国においては40年以上も前から建設技術の基盤として位置付けられており、教育プログラムも相当に完備されています。しかし、日本の建設工学では新しい分野の学問と言えます。したがって、その教育プログラムも未整備な状態にあり、適正なテキストもほとんどありません。先進諸国のマネジメント教育プログラムを取り入れ、実施するといったことも考えられます。しかし、先進諸国のマネジメント教育プログラムをそのまま用いても実質的な教育効果は期待できません。建設マネジメントは、人々の持つ価値観、倫理観、社会を動かしているシステムといった事柄を飛び越えて話すことはできないからです。

　建設マネジメントの分野を、日本の建設産業、建設工学の中でどのように捉えたらいいのか、建設マネジメント技術は他の技術分野とどのように関連付けられるのか、その教育はどのようにして行っていったらよいのか……。土木学会のマネジメント教育小委員会は、こういった事柄を何度も議論し、日本の実態に適合したマネジメント教育のあり方について研究活動を行ってきました。

　当小委員会では建設企業、工業高校、高等専門学校、コンサルタント、大学、公的研究機関といった、様々な組織に属する委員の方々が3年近くいろいろと話し合いを続けてきました。その結果、高校生から大学低学年の学生までを対象とした建設マネジメントの入門編となるテキストを作ろうということになり、この本が作られたわけです。

　日本では、建築学と土木工学がはっきりと区別されています。これは、日本独特なものといってよいと思います。唯一、韓国が日本と同じように土木と建築を分けているようですが、ほとんどの国々が建築と土木を一体のものとして捉えています。この本では他の国のように、土木と建

築を分けずに、シビルエンジニアリング：Civil Engineering"建設工学"としてとらえ建設マネジメントを見つめるようにしました。

　この本を読んだ生徒、学生の皆さんが建設工学のすばらしさを実感し、日本の社会、さらには、世界の人々の生活を支えるためのインフラストラクチャーを造り守ってゆく建設技術者として活躍することを願っています。

2005年3月

土木学会　マネジメント教育小委員会　一同

若き挑戦者たち　—国土を支えるシビルエンジニア—
平成17年3月20日　第1版・第1刷発行

●編集者………土木学会　教育企画・人材育成委員会
　　　　　　　マネジメント教育小委員会
　　　　　　　委員長　草柳　俊二

●発行者………社団法人　土木学会　古木　守靖

●発行所………社団法人　土木学会
　　　　　　〒160-0004　東京都新宿区四谷1丁目外濠公園内
　　　　　　TEL：03-3355-3444（出版事業課）03-3355-3445（販売係）
　　　　　　FAX：03-5379-2769　　振替：00140-0-763225
　　　　　　http://www.jsce.or.jp/

●発行所………丸善㈱
　　　　　　〒103-8244　東京都中央区日本橋3-9-2　第2丸善ビル
　　　　　　TEL：03-3272-0521／FAX：03-3272-0693

　　　　　　ⓒJSCE 2005　教育企画・人材育成委員会
　　　　　　印刷・製本：昭和情報プロセス㈱　用紙：京橋紙業㈱
　　　　　　ISBN4-8106-0470-5

　　　　　・本書の内容を複写したり、ほかの出版物へ転載する場合には、
　　　　　　必ず土木学会の許可を得てください。
　　　　　・本書の内容に関するご質問は、下記のE-mailへご連絡ください。
　　　　　　E-mail　pub@jsec.or.jp